U0305542

编译中国学术经典

中国度量衡史

History
of
Chinese
Weights
and
Measures

中央编译出版社
Central Compilation & Translation Press

图书在版编目 (CIP) 数据

中国度量衡史 / 吴承洛著. -- 北京：中央编译出
版社，2024. 10. -- ISBN 978-7-5117-4634-4

Ⅰ. TB91-092

中国国家版本馆 CIP 数据核字第 2024JF8082 号

中国度量衡史

责任编辑	周孟颖
责任印制	李　颖
出版发行	中央编译出版社
网　　址	www.cctpcm.com
地　　址	北京市海淀区北四环西路 69 号 (100080)
电　　话	(010)55627391(总编室)　　　(010)55627318(编辑室)
	(010)55627320(发行部)　　　(010)55627377(新技术部)
经　　销	全国新华书店
印　　刷	北京文昌阁彩色印刷有限责任公司
开　　本	889 毫米 ×1194 毫米　1/32
字　　数	233 千字
印　　张	11.375
版　　次	2024 年 10 月第 1 版
印　　次	2024 年 10 月第 1 次印刷
定　　价	98.00 元

新浪微博：@ 中央编译出版社　　　**微　　信：** 中央编译出版社(ID: cctphome)
淘宝店铺： 中央编译出版社直销店 (http: //shop108367160.taobao.com) (010)55627331

本社常年法律顾问：北京市吴栾赵阎律师事务所律师　闫军　梁勤
凡有印装质量问题，本社负责调换，电话：(010)55627320

目　录

上编　中国历代度量衡

下编　中国现代度量衡

上　编

中国历代度量衡

第一章　总　说①

第一节　研究中国度量衡史之途径

考古之学，最要有二端：一须有史籍之记载，然后始能根据，求有所得；二须有实物之佐证，然后考据之功，始有把握。究研中国度量衡史，于此二端，均有困难。

一　中国度量衡史籍之缺乏

自来我国言度量衡者，概托始于黄钟，黄钟为六律之首。自度量衡之事既兴，黄帝始为度量衡之制，其定制之始，一出于数，定制之准，一本于律。兹引数则如下：

（一）《通鉴》："黄帝命隶首作数，以率其羡，要其会，而律度量衡由是而成焉。"

（二）《孔传》："律者，候气之管，而度量衡三者，法

---

①　本书根据 1937 年影印版整理而成。为呈现原书风貌并便于读者阅读，本书将繁体字改为简体字，修订了明显的引文错漏，对一些标点符号按现代规范予以调整，其他照旧。——编者注

制皆出于律。"

（三）《史记·律书》："王者制事立法，物度轨则，壹禀于六律，六律为万事根本焉。"

（四）《汉书·律历志》："数者……夫推历、生律、制器、规圜、矩方、权重、衡平、准绳、嘉量、探赜、索隐、钩深、至远，莫不用焉。"

（五）《后汉书·律历志》："古之人论数也，曰'物生而后有象，象而后有滋，滋而后有数'。然则天地初形。人物既著，则算数之事生矣。记称大桡作甲子，隶首作数，二者既立，以比日表，以管万事。夫一、十、百、千、万，所同用也；律、度、量、衡、历，其别用也。"

盖我国史籍之言度量衡者，不外二种：

其一，由律以及度量衡者，此为历朝正史之所传。开其首者，为《史记·律书》；成其说者，为《汉书·律历志》；而其后则如《后汉书·律历志》《晋书·律历志》《宋书·律志①》《魏书·律历志》《隋书·律历志》及《宋史·律历志》等是。《汉书·律历志》《隋书·律历志》及《宋史·律历志》，足称为中国度量衡之三大正史。又为音律家之所记，如宋蔡元定《律吕新书》、明朱载堉《律吕精义》、清康熙《律吕正义》等是。

其二，由数以及度量衡者，此为算家之所记。如《孙子算术》、刘徽《九章算术注》、甄鸾《算术》、沈括《笔谈》及清康熙《数理精蕴》等是。

---

① 应为"律历志"。——编者注

然详细检阅史籍，或事近渺茫，或记述鳞爪，欲求一有系统之材料，亦不可得。盖我国往古未尝分度量衡之学，为专门之撰记，不过随音律算数之学而并存。此中国度量衡见于史籍之记载者如此，研究之困难，此其一。

二　中国度量衡品物之丧没

史籍记载，既属片断；实物考证，又非可能。

（一）据籍载中国最古度量衡之制，本于黄钟律，度本于黄钟之长，量本于黄钟之龠①，权衡本于黄钟之重；故黄钟之器盖为中国最古之度量衡原器。而黄钟之实长实量若干，因古黄钟律不传，已不可作切实之论断。

（二）度量衡之制成备于《汉书·律历志》，并详及标准器之法制，今除新莽嘉量原器得存一只尚完好可证外，余均没落失传。

（三）历代度量衡真器均已丧没；即清初定制之营造尺，亦早已失传。

度量衡乃实用之器，非若算数之学，凭之籍载可以无误，音律之学，证以声韵亦可强求者比；必须有实物以为佐证，其法有二：一则，采取不易毁灭有永久不变性之物，取其分数以为标准，若是虽度量衡之器不存，而立法之标准尚在，即不难以再造；二则，制成度量衡标准器，妥慎永久保存之。第一，我人承认现在世界度量衡制之最佳者，为国际

---

① 龠：读音为 yuè，量器名，这里与合、升、斗、斛同为容量单位。——编者注

间公认之万国公制，乃本法之米突制（Metric System）①，其最初采用之标准，为地球子午线之分数，意良法善。然近人早已发现最初之分数，与实器不准，而地球子午线，亦随年代而有变迁。故取物为标准，诚属困难。我国度量衡之标准为黄钟，黄钟乃人造物，保存不能无虞，故后之证者亦已虑及，而又参以秬黍之说。但黍有长圆大小，各不相齐，积黍实量，又有盈亏。再后又已知黍为标准之不可靠，而曰"必求古雅之器以参校"。观此，可知中国历代度量衡所采取以为标准物，早已失其信用。第二，进一步，故必求古雅之器，即谓前代度量衡之实器，或他种足以证度量衡之实器。然此古雅之器，前代之能传于后代者，每属仅有。此中国度量衡由于实物之可传者又如此，研究之困难，此其二。

然中国史事大多类是，若求十足之考证，必有待于古物之掘发，是又非仅度量衡之属为然。要之，考据之功，须能融会贯通，中国度量衡籍载虽属片断，并非不能作一大概之考证。

一、黄钟秬黍之说，为我国历代度量衡定制之所本，研究中国度量衡史者，自必须于此中考之；然后参以他种足可为度量衡之实证者验证之。此为中国度量衡史中制度

---

① 现称"公制"，以前亦称"米突制"或"米制"，是1858年《中法通商章程》签定后传入中国的一种国际度量衡制度，1795年创始于法国。1908年清政府决定用米突制来确定营造尺和库平两的数值，1915年北洋政府《权度法》规定米突制与营造尺库平制并行，1928年国民政府《权度标准方案》采用米突制为标准制，市用制为辅制。本书后文有详尽叙述。——编者注

传统之标准，是为第一途径。

二、中国历代度量衡既有传统之性质，其单位量亦每有一定传替之关系；将此种关系表出之，此为中国度量衡史中单位量传替之变迁，是为第二途径。

三、中国历代度量衡单位量表出以后，即进而考其各单位之命名命位，此为中国度量衡史之第三途径。

四、制度之标准，单位量之变迁，单位之命名，均经考证以后，次再研究历代对于度量衡设施之一般，此为第四途径。

今本史所辑纂者，即在尽片断之史料，作贯通之整理，参互验证，以求中国度量衡兴废改革之关键，而作历代度量衡定制变迁之研究。然后中国度量衡之史事，或可于此中得其梗概焉。

第二节　中国度量衡史之时代的区分

研究中国度量衡史之第四途径，最好再依其在各时代中不同之性质，而分为数时期，当更为方便。

中国度量衡之制，创始于黄帝下及三代，一稽于古，并无显明之改革，亦无完全之制度。量器之制，发生最早，而亦莫先于《周礼》。且三代以前之历史，籍载类多渺茫，或属揣拟之词。然而今世考三代以前之古史，固属渺茫，在汉世，上古之事迹，必尚多可考。中国度量衡制度，成备于《汉书·律历志》，当是之时，多有本于上古者。三代以前之度量衡，无整个系统，自为意中之事；然后世定制，则又不可谓无前代之影响。故三代以前为中国度量衡发生后尚未至阐明之时代，是为中国度量衡史之第一时期。

周末文化大盛，一切已显有进步，秦以商鞅变法，而度量衡之制亦受改革，是为中国度量衡由渺茫而显然为第一次之改革，汉兴以后，即承用秦制。及至汉之中叶，王莽依刘歆之五法，为中国度量衡第二次之大改革。然五法号为刘歆之著说，当时亦必参以前汉实际之情况，五法既定，中国度量衡制度，至是始称初步完成。秦莽虽有两次之改革，而两次改革实有相互之关系：莽所改者，汉制实量之大小，非汉制之法；莽之法制承于汉，汉承于秦，不过其法制阐明于班固《汉书·律历志》之中。莽改革后，后汉即承莽之制。故新莽承秦汉之法，后汉承新莽之制，秦汉之间为中国度量衡制度初步完备之时代，是为中国度量衡史之第二时期。

自三国两晋南北朝以迄于隋，为中国度量衡变化最大之时代。其中尤以尺度之制最为复杂，前后十四代，尺度十五等，均载于《隋书·律历志》。《隋志》为中国度量衡之第二部史书，而自魏迄隋诸代之度量衡，均于此志中明之。又中国度量衡单位量之变迁，亦以本时代内为最甚，度量衡之变迁，本时代占整个中国度量衡史中变迁度二分之一以上，而衡之变迁，至此为已极。自三国迄隋代，为中国尺度最备，及度量衡实量大小变化空前绝后最紊乱之时代，是为中国度量衡史之第三时期。

唐接承隋政之后，其度量衡之制，一本前时期变化中最后结果之遗制。自后沿五代、宋、元、明，均无显明之改革。唐、宋、元、明度量衡，既不见其繁复紊乱，亦不见其创制统一。又古今权衡之制，由铢絫①而改为厘毫，实为中国度量衡史上之重要一大变迁，此改制之始，即在唐世，而成于宋，载于中国度量衡史乘第三部之《宋史·律历志》。权衡既经改制，而天平砝码之器用以兴。又置石为量名，改斛为五斗之进位，亦为中国度量衡史上之一改革。此均为与前时期特异之点。自唐迄明，为中国度量衡变化最少，而衡量改制之时代，是为中国度量衡史之第四时期。

清朝以前历代度量衡之可考者，或其制度备而器物不存；又其历史演进之情况，或偏于度，或明于量，或详于衡，及至清代，度量衡完全之制度备而可考，器具存而可证，划一之政复兴，历历皆可稽考。是故清朝一代，积中国前代度量衡制度之大成，为中国度量衡制度进一步完备之时代，是为中国度量衡史之第五时期。

清末重定度量权衡制度总说中云："总而言之，则量之制莫先于《周礼》，尺之制莫备于《隋书》，权衡与砝码之制莫详于宋太宗及明洪武正德之时。……"观此，可以知中国度量衡史之状况：以上区分中国度量衡史为民国纪元前五个时期，实系就各该时代中度量衡史上固有之特征，

---

①　铢絫（zhū lěi），古代微小重量单位，多比喻微小之物。——编者注

亦为研究中国度量衡史之时代的自然区分。但非如普通史学上之分划，自无精密之历史意义。

民国以来，中国度量衡已至实施划一之阶段，今辑为下编。然又可分为三小阶段：自民国元年前工商部继续清末划一度量衡之议，经民国三年采甲乙两制并行之法，推行以后，以迄国民革命完成前，至十五年为止，是为第一阶段；自民国十六年至十八年，为中国度量衡统一前之筹备时期，所有制度之标准，实施之方案，推行之办法，均在是时期内决定，是为第二阶段；自民国十九年《度量衡法》施行以后，全国度量衡已至最后实施划一之阶段。合民国纪元前之时代区分言之，民元后为中国度量衡史完全系统之第六时期。

第二章 中国度量衡制度之标准

第一节 标准之种种

中国历代所取以为度量衡之标准者，大别之有二类。其一，取自然物以为标准者，其法有三：一曰，以人体为则，如云布指知寸，布手知尺；二曰，以丝毛为则，如云十发为程，十程为分；三曰，以谷子为则，如云一粟为一分，六粟为一圭。其二，取人为物以为标准者，其法亦有三：一曰，以律管为则，如云九十分黄钟之长，一为一分；二曰，以圭璧为则，如云玉人璧羡度尺好三寸；三曰，以货币为则，如云大泉径一寸二分，重十二铢。考西国所取以为度量衡标准之法，亦不外或取自然物，或取人为物。如相传英码为英皇亨利第一鼻端至大拇指尖之长，此取人体为则者；又英以麦一粒之重为一克冷（grain）①，此取谷子为则者；又法之米突制，以地球子午线之分数，为米突

---

① 现多译为"格令"。——编者注

之长，此取自然物为则者；清初有在天一度，在地二百里之标准，是亦以地球为则；而法之米突，又铸成原器，此又以人为物为则。故取自然物以为标准，其物之本体，已难齐同，虽如地球过某定点之子午线只限于一，亦日久变差，而非复能为当初之标准。取人为物以为标准，其物又虑其受外界侵蚀，既铸造维艰，复随时变化，而又虑其毁灭，慎哉，其为标准乎！

上述标准之中，谷子与律管有极密切之关系，历代均用以为度量衡标准之参证。《汉书·律历志》曰：

> 度者，……本起黄钟之长，以子谷秬黍中者，一黍之广，度之九十分，黄钟之长，一为一分，十分为寸，……量者，……本起于黄钟之龠，……以子谷秬黍中者千有二百实其龠，……合龠为合，……权者，……本起于黄钟之重，一龠容千二百黍，重十二铢，两之为两。……

是故自然物之第三则，与人为物之第一则，其间显然有相关之理。自《汉书》成其说，历代宗之为圭臬，而校验益详，推演益明，实为中国度量衡标准传统之正法，即为中国度量衡史特有之家珍。故中国度量衡往古标准之法，不失为有体统的二物一则之制也。其他之四物者，人体实非为度量衡之标准，但以尺度之长短，可以证之于人体，以易于鉴别，考尺者识也，是尺之义，本如此。因一指之长近一寸，故曰布指知寸，一手之长近一尺，故曰布手知尺，两手一伸之长近八尺，故曰舒肘知寻。史称大禹以身为度，后人尊前王之意，非禹之本制如是；宋徽宗以其指三节为三寸之标准，徽宗意其为帝王之身，妄自尊也。此均非定制之法。丝毛为定小数起数之原，及进位之法，后人借为度制寸位以下之命名（见第四章考证），亦非为度量衡定制之本法。由圭璧货币言度量衡者，为定圭璧货币大小轻重之法，先有度量衡之制，而后其为度量衡之数始定，非度量衡之制定于圭璧货币。然圭璧货币为人造之物，反之，度量衡之制，证之于圭璧货币，实亦一法。总之：体因人而异，丝则有粗细，均不足为校验之用；圭璧货币为人造之物，虽有变化，不足为精密标准，然大致去其实制当不过远，可用以勘校，而与谷子律管之法，互为参验，以推求中国度量衡之概况可也。

第一表 中国度量衡标准物表解

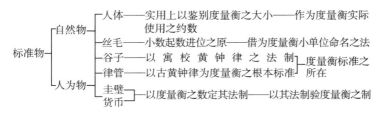

第二节 标准演进之停滞

中国度量衡制度发生于黄帝，下及三代增损其量，以为实用，此制度成备之前期。至汉世命黄钟为度量衡之根本标准，取秬黍为度量衡之参验校证，至是度量衡制度始为初步之完成。

汉以后历朝度量衡，每取《汉志》之说，或求于黄钟之律，或专凭秬黍作法，或考律以定尺，或准尺以求律，足称中国度量衡之大正史中之《隋书·律历志》及《宋史·律历志》，均本于《汉书·律历志》，即清初康熙亲自定制，亦不离黄钟与秬黍之说。故中国度量衡制度自汉代作初步完成后，历代奉之，以致自后更无进展，而入整个停滞状态中。

考度量衡虽属实用之器，论其为制之标准，则大有学术上之价值，但学术必求进步，中国度量衡最初之标准，命出于黄钟律，参校以秬黍之法，此在古代文化方面立论，原不可厚非之。且也，声出于大小一定之律管，由其波长之大小，可以决定其为声之高低。考中国律之数十二，音之数五，一律而生五音；黄钟之律为十二律之最长者，但制为黄钟律管，又取其为五音之首一音，即宫音，宫音为五音之最低者，以其波长最大。若是黄钟之音律可以决定，即黄钟律管之长亦有一定，故我国古代度量衡标准，实合于科学之理论。以中国五音加以音阶之润色，与西国配音如下。

音阶	（1）	（2）	（3）	（4）	（5）	（6）	（7）	（1）
音名	宫	商	角		徵	羽		宫
西名	C	D	E	F	G	A	B	C
西音	do	re	mi	fa	sol	la	si	do
波长之比	$\frac{1}{1}$	$\frac{8}{9}$	$\frac{4}{5}$	$\frac{3}{4}$	$\frac{2}{3}$	$\frac{3}{5}$	$\frac{8}{15}$	$\frac{1}{2}$

　　然若管径之大小不定，则所发之波长即有差异。故中国历代专求之于黄钟律，以定其律管之长度，而律管非前后一律，管径大小既无定论，又发声之状态前后亦非一律，由是历代由黄钟律以定尺度之长短，前后不能一律，以之定度量衡，前后自不能相准。以声之音，定律之长，由是以定度量衡，其理论虽极合科学，而前后律管不同，长短亦有差异。故及至后世已发现再求之黄钟律难得其中，再凭之积秬黍不可为信，而必求之古雅之器；夫此三者固为考古上之所必求，然非后之定制者之所必准。何况古雅之器，亦已不可精求，则论制度之标准，必当另寻他法以为精益求精，若是始有进步之表现。故近代中国度量衡标准，一革前代传统之法，此即学术进步精益求精之良途。

　　以上系言历史的演进，今考我国历代度量衡既均本黄钟秬黍之说，则在考古方面言之，又必不可忽略。据之史籍，证之实物，仍须于黄钟秬黍求根据，而后以实物为实验之证。

第三节　黄钟为度量衡之标准

一　黄钟本义

黄鐘之鐘，亦作鍾①，为古十二律之一（十二律计为：黄钟、大簇、姑洗、蕤宾、夷则、无射、大吕、夹钟、中吕、林钟、南吕、应钟；前六为律，属阳，后六为吕，属阴），其声为五音之宫（五音计为：宫、商、角、徵、羽）。共命名之本义，有下列各条之记载。

（一）《礼记·月令》："仲冬之月……其音羽，律中黄钟。"注：黄钟者，律之始也，《正义》按；元命色黄，钟者始黄；注云，始萌黄泉中。

（二）《国语》："夫六，中之色也，故名之曰黄钟。"

（三）《汉书·律历志》："黄钟：黄者，中之色，君之服也；钟者，种也。天之中数五，五为声，声上宫，五声莫大焉。地之中数六，六为律，律有形有色，色上黄，五色莫盛焉。"

---

① 古时"鐘"常指声乐之器，"鍾"常指酒器或量器，两者后来被混用；而"鈡"为"鍾"的异体字。是以"鐘""鍾""鈡"三字可以通用。1956 年发布的《汉字简化方案》，因"钟"笔画少而被作为"鐘"与"鍾"的简化字"钟"。2013 年发布的《通用规范汉字表》，恢复使用"鍾"用于姓氏、人名中的简化字写法"锺"。为说明三者之区别，本版这里只能暂且使用原各自繁体字体。——编者注

（四）《淮南子·天文训》："黄钟之律九寸，而宫音调……黄者，土德之色也；钟者，气之所种也。日冬至，德气为土，土色黄，故曰黄钟。"

（五）杜佑《通典》："黄钟者，是阴阳之中……是六律之首，故以黄钟为名。黄者，土之色，阳气在地中，故以黄为称；钟者，动也，聚也；阳气潜动于黄泉，聚养万物，萌芽将出，故名黄钟也。"

（六）黄佐《乐典》："黄钟者何？黄，中之色也；钟，音之器也。"

然黄钟究竟为何？再观下条《汉书·律历志》之文，盖为制黄钟之本。

> 黄帝使泠纶自大夏之西，昆仑之阴，取竹之嶰谷，生其窍厚均者，断两节间而吹之，以为黄钟之宫；制十二筒以听凤之鸣，其雄鸣为六，雌鸣亦六，比黄钟之宫，而皆可以生之，是为律本。

（《吕氏春秋》《风俗志》及各律书记载均同。《律吕精义》曰："自吕不韦著书，始言泠纶嶰谷取则凤鸣，雄鸣为律，雌鸣为吕，孰曾见闻？……后人撰前汉、晋、隋志皆采其说以为实有嶰谷凤鸣之事，盖亦误矣。"夫中国上古历史记载，本每多渺茫托辞，朱载堉之言，自亦有其理由，兹事之虚实，本编不具论究，但成为中国历来传统之记载，论黄钟者，必宗之也。）

窍者，孔也。厚均者，孟康曰：竹孔与肉，厚薄等也；

是故黄钟之器，当可以竹之中有空而质均匀者为之。

二　黄钟数法

中国古时称黄钟为万事根本，凡寸、分、厘、毫、丝，亦由黄钟定之，是曰黄钟数法。以黄钟长九寸，三为一进，历十二"辰"，得一十七万七千一百四十七，为黄钟之实；其十二辰所得之数，在子、寅、辰、午、申、戌六阳辰，为黄钟寸、分、厘、毫、丝之数，在亥、酉、未、巳、卯、丑六阴辰，为黄钟寸、分、厘、毫、丝之法。其寸、分、厘、毫、丝之法，皆用九数，故九丝为毫，九毫为厘，九厘为分，九分为寸，九寸为黄钟。兹表之于次（《律吕新书》、黄佐《乐典》、韩苑洛《志乐》、《尚书通致》、何瑭《乐律管见》等书言之均同）。

第二表　黄钟数法表

子一	黄钟之律	丑三	为丝法
寅九	为寸数	卯二七	为毫法
辰八一	为分数	巳二四三	为厘法
午七二九	为厘数	未二一八七	为分法
申六五六一	为毫数	酉一九六八三	为寸法
戌五九〇四九	为丝数	亥一七七一四七	黄钟之实

三　黄钟度数

黄钟度数，谓黄钟之长度，及其容积之数，盖为所以生度量衡者。度本起黄钟之长，量衡本起黄钟之容积，而容积之数，又视黄钟之长及围径（黄钟之管圆，自有围径之数）以定之。彭鲁斋曰："黄钟律管有周，有径，有面幂，有空围内积，有从长。"沈括《笔谈》曰："律有实积之数，有长短之数，有周径之数。"是故论度量衡者，不可不论黄钟，而论黄钟者，又不可不论其长围径积之数。惟围径之数，历来论说歧异，盖古者圆周率未有精密推算，求积之法又不确定；而围之义，又有指为圆周或圆面积之不同。然吾人考度量衡，只论其长度及容积之数已可，其围径之数可不具论。

黄钟之长有四说，如下：

（一）黄钟之长为一尺。《史记·律书》谓生钟分"子一分"。

（"子一分"之说，朱载堉亦谓为一尺凡百分，而其余诸家均谓为九寸凡八十一分，前所谓"黄钟数法"之法，即第二说也。）

（二）黄钟之长为九寸，一寸九分，计八十一分。《淮南子·天文训》谓："黄钟之律九寸而宫音调，因而九之，九九八十一，故黄钟之数立焉。"

（三）黄钟之长为八寸一分，一寸为十分，亦计八十一分。《史记·律书》："律数，九九八十一，以为宫，黄钟长八寸十分一。"

（司马贞《索隐》注曰："案上文云，'律九九八十一'，故云长八寸十分一，旧本多作七分盖误也。"蔡元定曰："八寸十分一，本作七分一者误也。"沈括曰："此章七分当作十字。"《史记》原本作"七分一"，古今名家均谓为"十分一"之误，盖未有以为"七分一"者。)

（四）黄钟之长为九寸，一寸十分，计九十分。《汉书·律历志》谓："黄钟为天统，律长九寸。"又谓："度之九十分，黄钟之长，一为一分。"

除此四种说法之外，《吕氏春秋·仲夏适音篇》言黄钟之制成，则曰："断两节间三寸九分而吹之，以为黄钟之宫。"明吴继仕曰："黄钟长三寸九分，……为声气之元，其时子半。"黄佐《乐典》谓："黄钟之均，其数八十一，律九寸为宫，子声变数三十九，律四寸三分八厘强。约之九寸，归之正度，则八十一分；约之四寸三分八厘强，归之正度，则三十九分。黄帝命泠纶断竹两节间，声出三寸九分，合其无声者四十二分，则为全律。三十九，子半数也，倍之七十八，合吹口三分，为八十一。黄钟律本九寸，为管则八寸一分（原本作八寸七分，七字盖为'一'字之误也），虚三分吹口，则其数七十八，含有声无声而计之也。"则吕氏谓三寸九分者，黄钟宫声之所出，黄钟律长仍为九寸，即八十一分，是即第二说也。

黄钟之长为九寸，即九十分，自《汉书·律历志》著其说，后之史书律历志均宗之；其为九寸即八十一分之说者，则为各律家之所宗，即前所谓"黄钟数法"之数。历来论律者，大多不出此二说也。然黄钟之长究竟如何，是否有四种长度，引论如次：

（一）蔡氏《律吕新书》曰："黄钟之律九寸，一寸九分，凡八十一分；而又以十约之为寸，故云八寸十分一。……大要律书用相生分数，相生之法，以黄钟为八十一分，今以十为寸法，故有八寸一分；汉前后志及诸家用审度分数，审度之法，以黄钟之长为九十分，亦以十为寸法，故有九寸。法虽不用，其长短则一，故《隋志》云寸数并同也。"

（二）韩苑洛《志乐》解黄钟长九寸曰："从长九寸，寸者十分。"解宫八十一曰："以此管有八十一分也。"

（三）朱氏《律吕精义》曰："古人算律有四种法：其一，以黄钟为十寸，每寸十分，共计百分，出太史公《律书》生钟分子一分；其二，以黄钟为九寸，每寸十分，共计九十分，出京房《律准》及《后汉志》；其三，以黄钟为八寸一分，不作九寸，出《史记》《淮南子》及《晋书》《宋书》；其四，以黄钟为九寸，每寸九分，共计八十一分，出《后汉志注》，引《礼运古注》。（《礼运古注》曰：'宫数八十一，黄钟长九寸，九九八十一也。'）古人算律之妙，二种而已。一以九寸为黄钟，凡八十一分，取象雒书之九自相乘之数，此《淮南子》之所载；一以十寸为黄钟，凡一百分，取象河图之十自相乘之数，此太史公之所记。二术虽异，其律则同。至于以九十分为黄钟，自京房始，以其布算颇烦，初学难晓，乃变九（谓九分为寸）而为十（谓十分为寸）。雒书数九自相乘，得八十一，是为阳数。十二天地之大数，百二十律吕之全数，除去三十九，则八十一，《吕氏春秋》曰'断两节间之三寸九分'，八寸一分，三寸九分，合而为十二寸，即律吕全数。全数之内，断去三寸九分，余为八寸一分，即为黄钟之长。黄钟无所改，而尺有不同。"

　　统观上列三家之言，蔡氏宗第二说，黄钟为九寸，凡八十一分，而谓与第三说第四说者，其长短则一；韩氏解黄钟九寸，为九十分，亦为八十一分；朱氏谓四说之黄钟均无改，乃尺有不同。盖黄钟之长为一定，而谓其长短之数不同者，为尺之异，古黄钟之长，则无异也（但后代所制之黄钟，其长不可与此同论）。

　　黄钟之容积，自《汉书》始著其说，为八百一十立方分。后之论者，有谓古之圆周率数不精（如谓围三径一之类），是以实积之数不可为据，而另作详密之推算者。有谓圆周率数不精，只在周径之间有差误，而实积之数不误者。又有谓八百一十分者，指十分为寸，九寸长计得之积；黄钟长九寸，一寸九分，计之，只得七百二十九分者。说虽不同，归纳言之，周径之误，为当初圆周率不精之所致，然容积系当时实计之数，故黄钟之容积，仍为八百一十立方分，惟此所谓分者，乃黄钟长九十分之分也。至于以其余三说黄钟之长，以推其容积，即可照比列算之。今依朱载堉"黄钟无所改，而尺有不同"之言，命四说为四种尺，则黄钟度数，可表之如次：

第三表　黄钟度数表

黄钟度数	第一种尺 尺法/寸法/分法	第二种尺 寸法/分法	第三种尺 寸法/分法	第四种尺 寸法/分法
黄钟之长 等于	一尺/一〇寸/一〇〇分	九寸/八一分	八寸一分/八一分	九寸/九〇分
黄钟容积 等于	——	——	——	八一〇 立方分

四　黄钟生度量衡

古者以黄钟为万事之根本，律度量衡皆由此始，故论度量衡者，必求于黄钟。然黄钟何以能生度量衡，推其源，实为存声乐之制以立之也。故曰："黄钟之长，用之以起五度，则乐器修广之所资；黄钟之容，用之以起五量，则乐器深阔之所赖；黄钟之重，用之以起五权，则乐器轻重之所出；黄钟之积，用之以起五数，则乐器多少之所差；黄钟之气，用之以起五声，则乐器宫商之所祖。五法循环而相受，则天地阴阳之中声，虽失于此，或存于彼。"又曰："黄钟者信，则度量权衡者得矣。"是故黄钟为度量衡之根本。明程大位《算法统宗》所论黄钟百事根本图，可为代表，其义如下：

黄钟生度　黄钟之管，其长积秬黍中者九十粒，一粒为一分，十分为寸，十寸为尺，十尺为丈，十丈为引。

黄钟生量　黄钟之管，其长广容秬黍中者千二百粒为一勺，十勺为合，十合为升，十升为斗，十斗为斛。

黄钟生衡　黄钟所容千二百黍为勺，重十二铢，两勺，则数二十四铢为两，十六两为斤，三十斤为钧，四钧为石。

（此所引之文，只在表明黄钟生度、量、衡之义，至于起度、起量、起衡，及命名进位等异同之说，待后一一考证之。)

第四节　以黄钟与秬黍考度量衡

观前节"黄钟生度量衡"，知仍不离以秬黍为法之关系，故有曰："造律者以黍，自一黍之广，积而为分寸，一黍之多，积而为龠合，一黍之重，积而为铢两。"又曰："度量衡所以佐律而存法，后世器或坏亡，故载之于物，形之于物，黍者，自然之物，有常不变者也，故于此寓法。"是度量衡本生于黄钟，而古黄钟虑其失，又为积黍之法，由积黍以明度量衡。故度量衡制起于黄钟，法寓于积黍，由黄钟及积黍以考度量衡，立法如此。故从此考之。

考积黍起度之法，原起于《汉书·律历志》，以广为分之说。至南北朝东后魏世，修正钟律，有纵累、横累、斜累三法之纷竞，纵横斜之歧异，盖自是时始。其后北周武帝时，累黍造尺，纵横不定，唐代又以黍广为分，五代后周王朴又以纵黍定尺；至宋代景德中刘承珪以广十黍为寸，后李照、邓保信等又纵累百黍成尺，阮逸、胡瑗等则横累百黍成尺；清康熙躬亲累黍，以横累百黍为律尺，纵累百黍为营造尺。以上为中国历代积黍起度歧异之历史，可以表明之。

第四表　积黍起度之变迁表解

注：《汉志》本云黍广，今列于"斜累"，参见下第六章第八节之三。

　　积黍为度，已有纵横斜累法之不同，而历来言累黍者，必云"以子谷秬黍中者"，"子谷秬黍"系为何种之黍？又所谓"中"者，其义又若何？今再从此二者观察之。

　　第一，所谓"子谷秬黍"，孟康曰："子，北方，北方黑，谓黑黍也。"颜师古曰："此说非也，子谷犹言谷子耳，秬即黑黍也，无取北方为号。"范景仁曰："按诗'诞降嘉种，维秬维秠'，诞降，天降之；许慎云'秬一稃二米'，又云'一秬二米'，今秬黍皆一米，河东之人，谓之黑米。"朱载堉曰："黑色黍有数种，软黍堪酿酒者名秬，硬黍堪炊饭者名穄①，一稃内二颗黍名秠；律家所用惟秬而已，穄与秠弗堪用。"吴大澂谓："黑秬黍，即今之高粱米，以河南所产者为最准。"是"子谷秬黍"，即黑秬黍，类如今之高粱米。但后之秬黍，非可如古时所用之黍一例言之，自可断论。且古者亦早已论之，如《隋书·律历志》"黍有大小之差，年有丰耗之异"；《宋史·律历志》"岁有丰

_____

①　穄，读 jì，穄子，即"糜子"。——编者注

俭，地有硗肥，就令一岁之中，一境之内，取以校验，亦复不齐，是盖天物之生，理难均一"。是均其例也。

第二，所谓"中"，颜师古谓为"不大不小"。韩苑洛曰："以筛子筛之，去其大者小者，而用中者。"吴大澂谓"大小中者"。而朱载堉则曰："古之秬黍中者，谓拣选中用之黍，非谓中号中等之黍，俗语选物曰，某物中，某物不中，此中亦非指中等。且秬之为言，巨细之巨，闻其名，其形可想见，谓头等大号者为佳。"是中字之义，亦有不同。而况黍之为物，理难均一，即用中式合用之黍，亦须先有勘校之器物而后可。故朱载堉又有言曰："累黍一法，名为最密，实为最疏，苟无格式，大小几何？惟云中式，犹非定论；若欲拣选中式之黍，须将格式预先议定，而后可选。上党秬黍佳者，纵累八十一枚，斜累九十枚，横累百枚，皆与大泉九枚相合；然此佳黍，亦自难得，求得此等佳黍，然后可用，若或不满九枚钱之径，慎勿误用；历代造律，其失坐在黍不佳也。"是朱氏以纵黍横黍斜黍，均须求其合于钱径一定之格式，其论实有至理。今将朱氏论累黍三法之关系，表明于次：

纵累 81 黍＝斜累 90 黍＝横累 100 黍

是故累黍成尺，有二种困难：一，黍为标准根本之不可靠；二，累黍必求排列之严密整齐。吾人论积黍起度，固不能由黍之大小，及排列之纵横，以定尺之长短，前面引申详论，亦即在此。然吾人则可由累法标准之不同，以推其比例之数，证之以黄钟之论，验之以货币之实，亦为必由之途也。

前节已言：算黄钟律长，其法有四，而为分之数则只有三：其一，黄钟之长为百分，其二，黄钟之长为八十一分，其三，黄钟之长为九十分；三数计分虽不同，全长则相等。本节又言：横累百黍，纵累八十一黍，斜累九十黍，其长亦相等。二者均为起度之标准，故朱载堉又合论之曰："累黍造尺，不过三法，皆自古有之矣。曰横黍者，一黍之广为一分；曰纵黍者，一黍之长为一分；曰斜黍者，非纵非横，而首尾相衔。黄钟之律，其长以横黍言之，则为一百分，太史公所谓子一分是也；以纵黍言之，则为八十一分，《淮南子》所谓其数八十一是也；以斜黍言之，则为九十分，前后《汉志》所谓九寸是也。今人宗九寸，不宗余法者，惑于《汉志》之偏见，苟能变通而不惑于一偏，则纵横斜黍皆合黄钟矣。"朱氏之论，可与一名，曰"三黍四律法"，表之如次：

第五表　三黍四律法表解

$$\text{黄钟律长}\begin{cases}\text{横黍}——一〇〇分\cdots\cdots（一　〇　寸）\\\text{纵黍}—\begin{cases}八一分\cdots\cdots（九\qquad寸）\\八一分\cdots\cdots（八寸一分）\end{cases}\\\text{斜黍}——九〇分\cdots\cdots（九\qquad寸）\end{cases}$$

更据朱氏言横黍纵黍斜黍排列计分之法，如第一图：

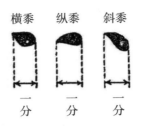

横黍　纵黍　斜黍

一分　一分　一分

第一图　横黍纵黍斜黍排列计分图

由三黍四律法以考历代尺度，立论颇有精微，大要如次：

历代尺法，皆本黄钟，而损益不同：有以黄钟为长，均作九寸，而寸皆九分者，黄帝命泠纶始造律之尺，名"古律尺"，又名"纵黍尺"；选中式之秬黍，一黍之纵长，命为一分，九分为一寸，九寸共计八十一分为一尺。有以黄钟之长，均作十寸，而寸皆十分者，舜"同律度量衡"之尺，至夏后氏而未尝改（《书》称"舜同律度量衡"，尧、舜、禹，相禅，未尝改制度，然则"禹以十寸为尺"，即舜取同之度尺也），故名夏尺，《传》曰"夏禹十寸为尺"，盖指此也，又名"古度尺"，又名"横黍尺"；选中式之秬黍，一黍之积广，命为一分，十分为一寸，十寸共计百分为一尺。有以黄钟之长，均作四段，加出一段，而为尺，此商尺也，适当夏尺十二寸五分，《传》曰"成汤十二寸为尺"，盖指此也。有以黄钟之长，均作五段，减去一段，而为尺，此周尺也，适当夏尺八寸，《传》曰"武王八寸为尺"，盖指此也。有以黄钟之长，均作九寸，外加一寸，为尺，此汉尺也。有以黄钟之长，均作八寸，外加二寸为尺，此唐尺也。有以黄钟之长，均作八十一分，外加十九分为尺，此宋尺也。唐尺即成汤尺，而唐人用之，故又名唐尺。宋尺即黄帝尺，而宋人用之，故又名宋尺。七代尺共五种，互相考证，皆有补于律也。

纵黍之尺，黄帝尺也，宋尺也；斜黍之尺，汉尺也；横黍之尺，夏尺也；商尺去二寸，为夏尺；夏尺去二寸，为周尺。唐尺复有二种：所谓黍尺者，即夏尺；所谓大尺者，即商尺。

汉尺与黄帝尺，寸同而分不同；宋尺与黄帝尺，分同而寸不同；唐黍尺（即夏尺）与黄帝尺同，而寸及分不同。

宋太府尺即黄帝尺；今营造尺（明工部营造尺）即唐大尺。

故虞夏之尺，横黍法，在律为第一类；黄帝之尺，纵黍法，在律为第二类；宋尺亦纵黍法，而在律为第三类；汉尺斜黍法，在律为第四类；商、周、唐、明四代之尺，导源于夏尺，而约横黍为法，在律附属于第一类。故上自黄帝，下迄明代，历代主要尺度之法，可列如下表：

第六表 中国历代尺度三黍四律法系统表

朝代	尺名	三黍四律法		以古黄钟律之长比较其相等之值			以黍定分之法
		律法	黍法	尺法	寸法	分法	
黄帝	黄帝尺{古律尺/纵黍尺}	第二类	纵	一·〇〇尺	九·〇寸	八一分	纵黍一枚
虞	虞尺{古度尺/横黍尺}	第一类	横	一·〇〇尺	一〇·〇寸	一〇〇分	横黍一枚
夏	夏尺{古度尺/横黍尺}	第一类	横	一·〇〇尺	一〇·〇寸	一〇〇分	横黍一枚
商	商尺	(第一类)	横	〇·八八尺	八·〇寸	八〇分	横黍约十为八
周	周尺	(第一类)	横	一·二五尺	一二·五寸	一二五分	横黍约八为十
汉	汉尺	第四类	斜	〇·九〇尺	九·〇寸	九〇分	斜黍一枚

（续表）

朝代	尺名	三黍四律法		以古黄钟律之长比较其相等之值			以黍定分之法
		律法	黍法	尺法	寸法	分法	
唐	唐大尺	（第一类）	横	〇·八〇尺	八·〇寸	八〇分	横黍约十为八
	唐黍尺（兼用）	第一类	横	一·〇〇尺	一〇·〇寸	一〇〇分	横黍一枚
宋	宋太府尺	第三类	纵	〇·八一尺	八·一寸	八一分	纵黍一枚
明	明工部营造尺	（第一类）	横	〇·八〇尺	八·〇寸	八〇分	横黍约十为八

注：表中中圆点表示小数点之义，下文亦有此种用法。

以上以黄钟律论历代尺度之关系，系以古黄钟为比较之标准，即其比较之标准只为一，并无变化。然黄钟是随时应声而有变迁，则历代之黄钟并不相等。故朱氏曰："汉刘歆、晋荀勖所造律管皆用货泉尺，宋蔡元定著《律吕新书》大率宗此尺，则其黄钟与歆勖之黄钟大同小异。《宋志》谓后周王朴之黄钟亦然，盖四家比古律高三律。宋李照、范镇、魏汉津所定律，大率依宋太府尺。黄钟长九寸，声比古黄钟低二律。明初冷谦所定律，用明工部营造尺。黄钟长九寸，声比古黄钟低三律。"以律定尺者，律有定，为尺不过增减其长度，而标准不变；以尺定律者，律本无，尺又系随时制作，则为尺并无不变之标准。朱氏之"三黍四律法"论，一本古之黄钟，即系以"有不变之标准"为根据。今采用其说，以为论度量衡之参考。

清康熙《律吕正义》谓"圣祖躬亲累黍布算"，得次之结果，以为定法：

　　纵累百黍为营造尺，横累百黍为律尺；营造尺八寸一分，当律尺十寸；营造尺七寸二分九厘，即律尺九寸，为黄钟之长。

此法可以表解明之：

第七表　清定黄钟律长表解

清之黄钟律长┬横黍九〇枚（清律尺九寸）
　　　　　　└纵黍七二·九枚（清营造尺七寸二分九厘）

是清康熙所累纵黍横黍之比，与朱氏之论虽同，而黄钟之律不同，是亦以尺定律之故。然细为推算，仍可求出相等之关系，知清代尺度标准，仍由前代变迁而来。

《清会典》曰："东汉嘉量度数，中今太簇，仿其式，用今律度，合黄钟焉。"所谓东汉嘉量，即新莽嘉量，在清初经一度发见（见下第六章第六节）。嘉量本声中黄钟，但新莽嘉量，不合清之黄钟，中清之太簇，故清初又仿其式，制造嘉量，声中清之黄钟（参见第九章）。考新莽嘉量度数，斛积为新莽尺一千六百二十六立方寸；清初仿造之嘉量度数，斛积为清营造尺八百六十立方寸九百三十四立方分四百二十立方厘，即合清律尺千六百二十立方寸。斛积度数，本为一千六百二十立方寸，由是新莽尺与清律尺之比数，可由黄钟与太簇之关系中求之。考律之学，以黄钟属子，子数一，法云"子一分"，太簇律属寅，寅数九，法云"九分之八"，即太簇律为黄钟律九分之八，是即为新莽尺与清律尺之比率。由是推得：

$$新莽尺 = \frac{8}{9} 清律尺 = \frac{8}{9} \times 0.81 = 0.72 \ 清营造尺$$

$$古黄钟律 = 0.72 \times 1.08 = 0.7776 \ 清营造尺$$

$$清营造尺 = \frac{10000}{72 \times 108} = 1.286 \ 古之黄钟律度$$

是即清尺合古黄钟律之度，而清尺实由新莽尺变迁而得者，新莽尺合清营造尺为七寸二分。王国维据新莽嘉量，以验新莽尺度，合清营造尺之数即同此（新莽尺之度，及合古黄钟律为一·〇八，均见下节考证）。

以上为就度而言，为量为衡之理，亦同。前人有曰：
"古人谓子谷秬黍实其龠，则是先得黄钟，而后度之以黍，
不足则易之以大，有余则易之以小。"又有曰："古人用黍
以置量衡，非数而称量之也，一龠之内容，必以千二百为
之准，有余则易之以小，不足则易之以大，小大得而后称
量之，是其多寡轻重，虽出于黍，而黍之大小，则制于
律。"是故以黄钟及积黍之法，考定量衡，仍须先求古之黄
钟。至于以黍求积，其法如何，则前人已言之："至于准黄
钟之律为量为衡，则不可径致，故必用容黍之法，黄钟容
千二百黍，亦当时偶然之数，使止容千黍，即准千黍为量
为权亦可也。"然古黄钟在汉时校量，适容一千二百黍，容
黍之法，汉始有之，以汉校量黄钟之度，度之，得黄钟之
容积为八百一十立方分（即汉尺之分）。容黍之法，本不可
靠，是故考量之法，当以由度求积为宜。

考衡之法，本可准之以容量，而后验之以物，以求其
衡。今容量之数已得，惟所用之物为秬黍，则不可以为
准也。

吴大澂以其所得之古玉律琯，校所容秬黍之轻重，以
是得周两之数，校法如下：

今以黄钟玉律琯所容大小适中之黑秬黍（即今高
粱米，河南产者为最准），千二百颗平之，重今湘平八
钱四分，若以为十二铢，每铢应重七分，二十四铢应
合今湘平一两六钱八分，古两大于今两，不应如此之
重，疑《汉书》所称千二百黍重十二铢，必有误也。
两之为两者，分而为二，以象两，此两字本义，应得

千二百黍之半，以六百黍为一两，应重湘平四钱二分，以此定周两之轻重。

（考吴氏所得之玉律琯，原命之为十二寸，内径得七分半，今即假设其为古黄钟律，应合汉尺九十分，原命一分，为汉分四分之三，七分半合汉分五分六厘二毫二丝，其管之容积，计为汉尺二千二百三十余立方分，较八百一十立方分之数，大二倍以上，虽此管根本非古黄钟律管，然大致相差并不过巨，故吴氏以"千二百黍为十二铢"为误，而以六百黍命为一两，与原义差之四倍，此实吴氏之误。然以其计得之数，尚属相近，见下节，故记之于此。）

第五节　以货币考度量衡

何以货币可以考度量衡？货币者为交易之媒介物，自古已然，币有大小轻重之定法，度者权者有调剂适应之作用，彼此并行不悖，故由货币考度量衡，是亦一法。

据吴大澂校古币之轻重，曰："古权名之见于泉币者，曰两、曰铢、曰爰、曰锊，爰即锾之古文，锊与锾一字，说文锾，锊也，锊十铢二十五分之十三。惟锊之轻重，古书无可考证，古币之一锊二锊，今以古币之轻重权之，当系二锾为一锊。"吴氏以其所校玉律琯容黍轻重，得周两合湘平四钱二分，而校古之币，轻重不同；今以古币轻重之数，平均之，以定周两之数，当校为善。吴氏校验古币之轻重，并附其考证，归纳列于次表：

第八表　周代古币重量实验表

币名	重量		吴氏之考证
	吴氏校验	合公分重	
"郢爰" 金币	湘平 一两九钱六分	七〇·二九八〇	此币当是十锾之金饼，出安徽凤台县古郡都地，李申耆先生洛读入凤台县志。一爰为十铢二十五分之十三
"梁充釿五（二十）尚爰" 布	八钱六分	三〇·八四五一	此币当以五爰充五釿，故曰充釿五，五下注"二"，"十"字者，言一币五爰，二而合十爰也。一爰为十铢二十五分之十三
"梁正尚金尚爰" 布	三钱四分	一二·一九四六	此二爰币也。一爰为十铢二十五分之十三
"虞一釿" 布	三钱六分五厘（二个平均）	一三·〇九二二	一釿为二爰，一爰为十铢二十五分之十三
"京一釿" 布	二钱九分	一〇·四〇一二	同上

（续表）

币名	重量		吴氏之考证
	吴氏校验	合公分重	
"夰一釿" 布	三钱九分	一〇·四〇一二	同上
"安邑一釿" 布	四钱	一四·三四六五	同上
"长垣一釿" 钱	三钱九分	一三·九五九九	同上
"安邑二釿" 布	八钱（二个同）	二八·六九三一	同上
"安邑二釿" 布	七钱六分（二个平均）	二七·二五八四	同上
"夰二釿" 布	八钱五分	三〇·四六四四	同上
"重一两十二铢" 钱	三钱六分	一二·九一一九	
"盌當" 贝	八分二厘（五个平均）	二·九四一〇	古贝俗称蚁鼻钱，马伯昂货布文字考释为当六铢，以为六铢则币弱，今以爰币校之，当以两贝为一爰
"尢" 贝	八分四厘（五个平均）	三·〇一二八	古贝字作𧷏，此即贝之象形字

　　吴氏校得重量数，系以湘平计之。更据吴氏云，湘平一两四分，合库平一两，而库平一两合三七·三〇一公分，即湘平一两合三五·八六六三四六公分。表内重量合标准制公分数，即系依此折算者。

　　设不同类各物表示小单位之数值，为 A，B，C，……共 n 个，如云"二十四铢为两"，则铢为小单位，如云"一贝当六铢"，命为 A，则 A 为六；又设小单位进位之数为 X，如二十四铢进为两，则 X 为二十四；又设 a，b，c，……亦共 n 个，分别为 A，B，C，……各物折合新制单位之数，如"郢爰"金币合七〇·二九八〇公分重之类。如是，本编所用平均之法如下：

$$M = \frac{\dfrac{a}{A} + \dfrac{b}{B} + \dfrac{c}{C} + \cdots\cdots}{n} \cdot X$$

　　据此法将周代古币平均之，求得周两之值为一四·九二八九四公分重。即周一斤之值为二三八·八六三〇四公分重。吴氏以今黍校得周两为湘平四钱二分。合一五·〇六三八七公分，相差并不算大。然以古币校者，当比今黍校者，较为可靠，故即以此求得之数为准。

　　（"重一两十二铢"钱、"坙鼎"贝及"兑"贝三币，其权重之数皆甚轻，约计一两不过八至十一公分，较其他诸币，一两之重均在十四公分以上，相差过巨。于此可见周末度量衡币之制皆不划一。并未列入平均计算中。）

　　秦统一天下之后，定币制，铜钱重半两，即十二铢，文曰"半两"。秦之"半两"泉，据吴氏实验得八泉共重湘平一两八钱则。

$$秦之一两 = 湘平\ 1.8 \div \left(\frac{1}{2} \times 8\right) 两 = 0.45 \times 35.866346 =$$

16.1398557 公分重

秦之一斤 = 16.1398557×16 = 258.2376912 公分重

汉兴以秦钱重，不便使用，屡经改铸三铢钱，八铢钱，四铢钱，不能一定，后武帝之时，更铸五铢钱，当时轻重大小颇称适中，直至隋朝为止，凡七百余年间，五铢钱成为历代铸钱之标准。然后之历代虽以五铢为号，惟度衡不同，其大小轻重自不相同，而亦难以考验。

前汉末王莽摄政，好遵古制，乃改革汉制，仿周钱子母相权之法，铸造大泉及契刀、错刀，与五铢钱相并行，其后又屡经制作新货币多种。王莽所铸各种货币，在汉时最为精良，其大小轻重，见《汉书·食货志》及王莽《列传》，均可按籍而稽，足为当时度量衡之佐证。除契刀错刀之长及重，《汉志》未载明不列入外，其余各币之径或长，可据吴大澂所藏实比之图测得之，然后以之推得莽时尺度之长短。更据吴氏校验重量之数，亦可推得莽时斤两之轻重。今先以表列明各币径长重量及考证于下：

第九表　新莽货币径长重量实验表

币名	径或长平均值合公厘数	重量		考证
		吴氏校验	合公分量	
大泉五十	二七·二	湘平 一钱九分（四个平均）	六·八一四六	径一寸二分重十二铢

（续表）

币名	径或长平均值合公厘数	重量		考证
		吴氏校验	合公分量	
壮泉四十	二三·〇	一钱	三·五八六六	径一寸 重九铢
中泉三十	二一·〇	九分 （三个平均）	三·二二八〇	径九分 重七铢
幼泉二十	一八·七	七分	二·五一〇六	径八分 重五铢
么泉一十	一六·七	七分	二·五一〇六	径七分 重三铢
小泉直一	一四·六	二分六厘 （十个平均）	〇·八七二五	径六分 重一铢
货　　泉	二三·〇	九分二厘	三·三九九七	径一寸 重五铢
大布黄千	五五·〇	四钱 （九个平均）	一四·三四六五	长二寸四分 重一两
次布九百	五二·〇	三钱七分 （三个平均）	一三·二七〇五	长二寸三分 重二十三铢
中布六百	四六·六	三钱	一〇·七五九九	长二寸 重二十铢
差布五百	四〇·八	二钱二分	七·八九〇六	长一寸九分 重十九铢
厚布四百	三九·二	二钱	七·一七三三	长一寸八分 重十八铢
幼布三百	三五·二	（损一足 不计量）		长一寸七分 重十七铢

（续表）

币名	径或长平均值合公厘数	重量		考证
		吴氏校验	合公分量	
小布一百	三四·四	一钱九分五厘（二个平均）	六·九九三九	长一寸五分重十五铢
货　　布	五七·三	四钱七分七厘五毫（四个平均）	一七·一二七二	长二寸五分重二十五铢

以上各币大小轻重，不能一一均与原定相符，《宋史》谓："当时盗铸既多，不必能中法度，但当校其皆合正史者用之，则铜斛之尺，从可知矣。"（新莽铜斛尺，后面还要详说）固言之有理，但所谓合者，将如何判别之？今又不得考实。则其币已经过长久年月，不无侵蚀之处，而当时制造未必精准，又为其主因，现在仍用 M 法求其平均，以得其合中之数。

（一）长度之平均，命定以尺为单位，得一尺等于二二八·一三四三公厘。

（二）重量之平均，命两为单位，再求斤之值，得一两等于一三·六七四六四公分重，一斤等于二一八·七九四一八公分重。

由各币测出之尺度最大最小间相差至八分之一，而重量则相差至于一倍，既差之若是之大，则虽求其平均之值，亦不可靠，然此处不过先求出一个相当数值。至新莽一代真正度量衡实值，则有待于所谓铜斛实物以考证之，此处数值，将作为参验之证耳。

唐代铸开元通宝钱，径八分，重二铢四累（十累为铢），积十钱重一两。据吴大澂以其所藏唐开元钱，制作最精，轮廓完好者，平列十枚为开元尺，今测其实比之图，得唐开元尺，即开元钱十枚之长，合二四·六九公分，则唐以开元钱径八分之尺，其长为三〇·八六二五

$$\left(2.469 \times \frac{100}{8}\right)$$公分。又据吴氏校得唐开元钱十枚，共重湘平一两四分，应合三七·三〇一公分，据此，则唐之一斤已与清库平一斤相等，或以为当时衡制不应有如此之重，清《古今图书集成》曰："唐开元钱重二铢四累，今一钱之重。"则唐之衡重，当已与清制相等。再观唐代尺之长度，亦约与清之营造尺不相上下，此又为一证。且此系依据实物校得者，自不致大误。详见下第八章第一、二两节之考证。

以钱校尺度之长短，实为最密之法，故朱载堉之言求黍考定样制，须将格式预先议定，朱氏所言之格式，即钱法也。又古钱度数之最密者，以莽之大泉，唐之开元钱为著称。故朱氏又以大泉及开元钱之径，以为其三黍四律法论历代尺度之参证。以下为朱氏之言：

> 黄帝尺，宋太府尺，皆以大泉之径为九分（宋尺与黄帝尺，分同而寸不同，宋以十分为寸，黄帝以九分为寸）。汉尺以大泉之径为十分（汉尺与黄帝尺，寸同而分不同，汉以十分为一寸，即黄帝九分之寸也）。夏尺，唐谓之黍尺，以开元钱之径为十分（唐黍尺与

黄帝尺同，而寸及分不同，唐以十分为寸，十寸为一尺，即黄帝九分为寸，九寸之尺也)。商尺，唐谓之大尺，以开元钱之径为八分。周尺以开元钱八枚为十寸。

故宋尺去一寸为汉尺，汉尺去一寸为唐黍尺，即夏尺，夏尺加二寸半为商尺，去二寸为周尺。

王莽变汉制，造大钱径寸二分，谓莽以汉尺之寸，为其尺之寸二分也。

宝钞黑边外齐作为一尺，为明工部营造尺，即唐大尺，以开元钱之径为八分；宋尺之八寸一分，为明尺之八寸。

汉尺以大泉之径为一寸，唐黍尺以开元钱之径为一寸，而曰"汉尺去一寸为唐黍尺"，则开元钱之径，为大泉之径十分之九，即大泉平列九枚之长，等于开元钱平列十枚之长。莽谓大泉之径寸二分者，指新莽尺而言，新莽尺即以莽币校得之尺，或名为货泉尺（莽币之"货泉"，径一寸，十枚合整分一尺之长）。货泉尺加二寸为汉尺。又唐谓开元钱径八分者，指唐大尺而言，唐大尺去二寸为唐黍尺，即吴大澂所谓唐开元尺。大泉之径为货泉尺百分之十二，开元钱之径为开元尺百分之十，故

$$大泉之径 = \frac{12}{100} \times 228.1343 = 27.38 \ 公厘$$

$$开元钱之径 = \frac{10}{100} \times 246.9 = 24.69 \ 公厘$$

$$27.38 \times 9 = 246.4 \ 公厘$$

24.69×10＝246.9公厘

则所谓大泉九枚与开元钱十枚相等，彼此互相验之，可证其为不错。

第一○表　黍币合古黄钟律表解

古黄钟律之长┏横黍……一○○枚之长┓┏大泉九枚之长
　　　　　　┣纵黍……八一枚之长┫┗开元钱一○枚之长
　　　　　　┗斜黍……九○枚之长┛

历代尺度以货币考证，兹列表以明之（历代度制均以十为进，惟黄帝则以九为进，不要忘记）：

第一一表　中国历代尺度以货币校验系统表

朝代	尺名	三黍四律法之异名	（以大泉九枚即开元钱十枚）比较其相等之值	以币为校验之法
黄帝	黄帝尺	古律尺·纵黍尺	一·○○尺	以大泉之径为九分
虞	虞尺	古度尺·横黍尺	一·○○尺	以开元钱之径为十分
夏	夏尺	同上	一·○○尺	同上
商	商尺		○·八○尺	以开元钱之径为八分
周	周尺		一·二五尺	以开元钱八枚为十寸
汉	汉尺		○·九○尺	以大泉之径为十分
新莽	货泉尺		一·○八尺	以大泉之径为寸二分

（续表）

朝代	尺名	三黍四律法之异名	（以大泉九枚即开元钱十枚）比较其相等之值	以币为校验之法
唐	唐大尺		〇·八〇尺	以开元钱之径为八分
	唐开元尺	唐黍尺	一·〇〇尺	以开元钱之径为十分
宋	宋太府尺		〇·八一尺	以大泉之径为九分
明	明钞尺即工部营造尺		〇·八〇尺	以开元钱之径为八分

现再将以货币校验所得之重量，亦列一表如下：

第一二表　各朝斤两以货币校验实值表

朝代	一两之值	一斤之值	以货币为校验之标准
周	一四·九二九（公分）	二三八·八六三（公分）	以古币之重量平均计得
秦	一六·一四〇（公分）	二五八·二三八（公分）	以秦半两泉之重量计得
新莽	一三·六七五（公分）	二一八·七九四（公分）	以莽币之重量平均计得
唐	三七·三〇一（公分）	五九六·八一六（公分）	以唐开元钱之重量计得

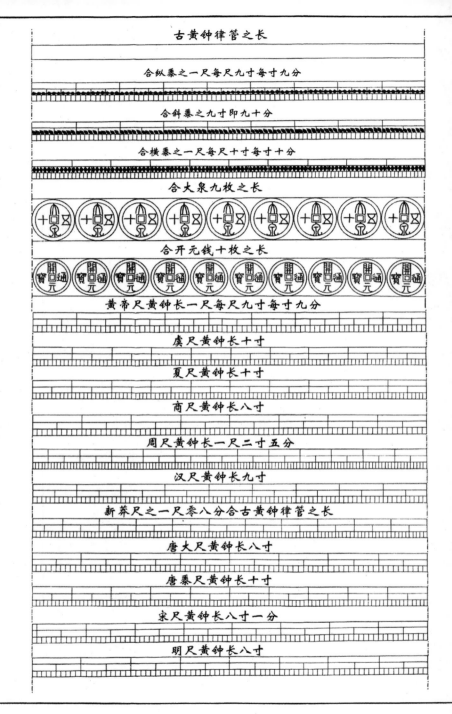

第二图　中国历代尺度以黍币合古黄钟律比较图

第六节　以圭璧考度

圭与璧皆为玉之名，朝廷以玉为印信，谓之玉玺。国有大事，执玉圭以为符信，通称瑞玉。凡玉玺瑞玉均有一定之大小，注以尺寸，所以示信。故以圭璧考度之制，足为更有力之证。惟以圭璧定度之制，周以后已不可考。此节本为考周朝一代尺度之法，今列于总考中，亦所以为汇证之一验耳。

《周礼》："典瑞璧羡以起度，玉人璧羡度尺，好三寸，以为度。"《尔雅》曰："肉倍好谓之璧。"典瑞玉人，《周礼》之官名。凡物之圆形而中有孔者，其外谓之肉，中谓之好。故好三寸，则肉六寸，为璧共九寸。羡者，余也，溢也，言以璧起度，须羡余之，盖璧本九寸，数以十为盈，故益一寸，共十寸以为度，是名"璧羡度尺"。如第三图所示。

吴大澂藏有一璧，据其考证曰："《周礼·考工记》'璧羡度尺，好三寸，以为度'，是璧好三寸，两肉各三寸，适合九寸，加一寸为一尺，故曰璧羡度尺。"惟吴氏命"璧羡度尺"，又曰"镇圭尺"，盖吴氏以周之镇圭为考证之主，因而名之，其实周以圭璧寓度，本起于璧，仍宜名为"璧羡度尺"，或简称为周尺。

吴氏以圭璧考周代度制，除此璧而外，有考据足为证验者，有六件，曰：镇圭、桓圭、大琮、大琬、瑁与琬。

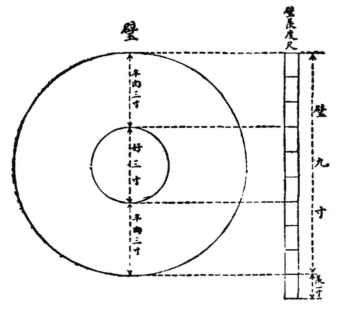

第三图　璧羡起度图

六圭为度制之考证如下。

（一）镇圭长一尺二寸，《周礼》："玉人之事，镇圭尺有二寸。"

（二）桓圭长九寸，《周礼》："命圭九寸，谓之桓圭。"

（三）大琮长一尺二寸，《周礼》："大琮，十有二寸。"

（四）大琬长一尺二寸，吴氏曰："《书·顾命》郑注'大琬度尺二寸者'。"

（五）瑁长五寸，吴氏曰："《说文》'瑁，诸侯执圭朝天子，天子执玉以冒之，似犁冠'；段注云'《尔雅》注作犁馆，谓秏也'；《周礼》'匠人秏广五寸，二秏之伐广尺'；是玉五寸，与犁冠之说合。"

（六）琡长六寸，吴氏曰："《周礼》郑注，引《相玉书》曰，琡玉六寸。"

以上六圭与璧，关于度制考证之处，均一一相符，足为周制璧羡度尺之验证。惟实际测得之数，彼此亦微有出入，璧为起度之本，此六圭可为验度之证，故应先求六圭为尺之平均数，依 M 法求之为一九八·五五七五公厘，再与璧平均，以求中数，作为璧羡度尺之长。

璧径九寸，实测之长为一七·七三公分。

$$一尺之长 = \frac{100}{90} \times 177.3 = 197 \ 公厘$$

$$故璧羡度尺 = \frac{197 + 198.5575}{2} = 197.77875 \ 公厘 = 周尺$$

之最

第七节　度量衡寓法于自然物之一般

除人为物——黄钟、货币、圭璧，足为度量衡之考证，自然物仅秬黍佐黄钟以存法外，其余相传为中国度量衡制度起源之标准物，即不外自然物之人体、丝毛、粟黍。虽其为制之实长实容实重已不可考，不足以为法制之准，考证之实；然亦颇足以代表中国社会文化发源之早，社会制度产生之复杂，盖亦以表明中国度量衡制度之未得统一，而为中国度量衡史之另一页。

一、寓法于人体者，有如下各种说法：

《史记·夏本纪》："声为律，身为度，称以出。"（《索隐》曰："一解云身为律度，则权衡亦出于其身，故云称以出也。"）

《家语》孔子云："布指知寸，布手知尺，舒肘知寻（《大戴礼记》所载同），斯不远之则也。"（盖用手拇指与中指一叉相距，谓之一尺；两臂引长刚得八尺，谓之一寻；中指中节上一纹，谓之一寸，盖中指有二横纹，准上一纹也。）

《淮南子》："人修八尺，寻自倍，故八尺而为寻；有形则有声，音之数五，以五乘八，五八四十，故四丈而为匹，匹者，中人之度也。"

周制寸、咫、尺、丈、寻、常、仞，皆以人体为法，《说文》："尺，十寸也，人手却十分动脉为寸口，十寸为尺"；又，"中妇人手长八寸，谓之咫"；又"周制以八寸为尺，十尺为丈，人长八尺，故曰丈夫"。

《孔丛子》："跬，一举足也，倍跬谓之步；四尺谓之仞，倍仞谓之寻，寻，舒两肱也，倍寻谓之常（以上为度法）……一手之盛谓之溢，两手谓之掬（以上为量法）。"

《公羊传》："肤寸而合"，何休注曰："侧手为肤，案指为寸"。

《投壶》注："铺四指曰扶，一指案一寸。"

《大晟乐书》："宋徽宗皇帝指，三节为三寸。"

《度地论》："二尺为一肘，四肘为一弓。"

二、寓法于丝毛者，有如下各种说法：

《易纬通卦验》："十马尾为一分。"

《孙子算术》："蚕所生，吐丝为忽，十忽为秒，十秒为毫，十毫为厘，十厘为分。"

《说文》："十发为程，十程为分。"

孟康曰："豪，兔豪也，十豪为氂。"

《宋史·律历志》注："毫者，毫毛也，自忽丝毫三者，皆断骥尾为之……氂者，氂牛尾毛也。"

三、寓法于粟黍（前论之秬黍除外）者，有如下各种说法：

《淮南子》："秋分蔈定，蔈定而禾熟，律之数十二，故十二蔈而当一粟，十二粟而当一寸……其以为量，十二粟而当一分，十二分而当一铢，十二铢而当半两。"

《说苑》："度量权衡以黍生之，一黍为一分，十分为一寸……千二百黍为一龠，十龠为一合。"又曰："十六黍为一豆，六豆为一铢。"

《孙子算术》："六粟为圭，十圭为抄，十抄为撮，十撮为勺。"

按《说文》，十黍为絫，十絫为铢。

孟康曰："六十四黍为圭，四圭曰撮。"

第三章　中国度量衡单量之变迁

第一节　变迁之增率

计算物体之数量有二部：一曰数，二曰量；量有小大，则计数有多寡，如云"人长十尺"，又曰"一丈"，尺之量小，为丈之十分之一，云数则为丈之十倍。尺丈之量，是为单位，度量衡单位名称虽有种种，但可归纳之于三类：一曰基本单位，二曰实用单位，三曰辅助单位，此为古今中外所共同。基本单位为法制之标准，所谓基本量者，每一类量中只有一；实用单位，为计量时常用之单位，是为实用之量；其余所有单位，均为计量时辅助之用，故名为辅助单位。本章旨在考中国历代度量衡基本量或实用量大小之变迁；至于单位整个命名命位之系统，则在下章详之。

本章所考各类量大小之变迁，为长度之尺，容量之升，重量之两、斤，及地积之步、亩。

考中国度量衡单位之量，为由小而大之演进；王国维曰："尝考尺度之制，由短而长，殆成定例。"然不仅尺度之制，由短而长，量衡之制，均属同然。研究中国度量衡史，在制度演进方面虽无精彩，然在量之大小变迁上研究之，则能十足表现其进步之情况。故研究单量之变迁，实较制度之标准，为更有兴趣。

量之大小变迁之情况，以变迁率表明之。变迁率系以最初之量为标准，即以其所变迁之量对于最初之量之比，表之。如最初之量为 Q，变迁后之量为 Q′，则所变迁之量为 Q′-Q，故

$$变迁率 = \frac{Q'-Q}{Q}$$

度量衡三量之变迁，同为由小而大，即其变迁率为正，故曰增率。然三量增率之大小及变化，则又不相同：以量为最，权衡次之，度又次之。

三代以前度量衡单位之量，据籍载有增有减，然三代以前历史渺茫，多属后人揣测之词，尚未可作定论。而度量衡单位量之大小，当自新莽为始，乃可作真实之考证。自新莽始，中国度量衡增率之变化，可分为三期：后汉一代度量衡之制，一本莽制，所有量之变化，乃由无形增替所致，是为变化第一期；南北朝之世，政尚贪污，人习虚伪，每将前代器量，任意增一倍或二倍，以致形成南北朝极度变化之紊乱情形，至隋为中止，是为变化第二期；唐以后定制，大约均相同，其所有变化，亦由实际增替所致，非必欲大其量，以多取于人，自唐迄清是为变化第三期。

尺度之增率，在三量中尺为最小，其原因，盖以尺之长短，易于识别，所谓尺者识也，布手而知尺。故尺之长

度，虽代有增益，尚不过巨。其增率：在变化第一期中约为百分之五，在变化第二期中约百分之二十五，在变化第三期中约为百分之十；整个之增率，约为百分之四十。

量之增率在三量中为最大，盖我国以农为本，故纳税制禄之数，皆用斗斛之量，《左传》言四量，孔孟言釜钟，是即为计税禄出纳数所定之量。因量为官民出纳米粟之准，其奸弊之甚，自远甚于尺度，此量之增率变化最大之第一原因。而尺可以目及手判验，其长度虽有所增，必不过巨；而量则难以判定，一升之量，视之固为升，二升之量，亦视之为升，极为普遍之事，此量之为量，易于为弊，是乃第二原因。量之增率：在变化第一期中尚无显明之差异，约为百分之三，在变化第二期中则由百分之百，以至百分之二百，在变化第三期中亦约为百分之二百；整个之增率约为百分之四百。

权衡之增率，在度量二量之间，因权衡之重，亦如量器不易视出其大小，故其增率大于度；而权衡之用，非为官民出纳上主要之量，至后代行金银币制，始以权衡计其重量，以为出纳之准，而计金银之重量，又较计米粟之容量为精求，故其增率又比量为小。权衡之增率：在变化第一期中并不显明，在变化第二期中则由百分之百，至百分之二百，在第三期中几无变化；整个之增率，亦即约为百分之二百。

度量衡总增率：在变化第一期约为百分之三，第二期约为百分之一百四十，第三期约为百分之七十。

地亩之一量，历代并无确定之制，或曰六尺为步，百

步为亩；或曰五尺为步，二百四十步为亩。此为历代言亩
量之词。但历代既全无土地丈量之举办，亦无土地计亩之
实施，故言亩制，仅列历代由尺计步，由步计亩之数，至
其亩之单位实量大小之变化率，实不必作比较，亦无作比
较之价值。

以上言度量衡增率之变化，乃系指朝廷定制变迁之标
准而言。至于民间实际行用之度量衡器具，其大小之间，
变化更大：尺度之长短，有差至一倍半者；升量之大小，
有差至十倍者（俗语谓："南人适北，视升为斗"，实有其
事也）；斤两之轻重，有差至五倍者；又如计地亩之法，步
有五尺、六尺、七尺、八尺等之不同，亩有二百四十方步、
三百六十方步、七百二十方步等之差异。然此等之变化，
均非标准之变迁，乃民间任意大小，本各不相谋，亦无从
述其变化之率。

第一三表　度量衡变迁之增率表解

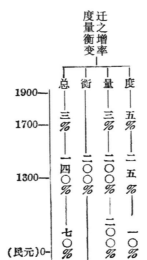

第二节 中国尺制之三系

中国度制以尺为基本单位，及其为用，则有三种分划，即尺之为实用单位，有三个系统。其分制始自周代，分说于次。

（一）度之制，生于律，因考律而定尺，是为历朝定制，即律用尺，可名为法定尺。

（二）中国木工因农业而兴起，周有"车人"之名，即为攻木之工，所以造车及农具者，木工用尺本即为律用尺，而周代建筑事业发达，自是木工建造所用之尺，自成为一个系统，曰木工尺。世称周之公输鲁班（约在民元前二四〇〇年之世）为木工之圣，故又称鲁班尺。

（三）周制裁缝王及后之衣服，为"裁缝"，其所用尺亦本律用尺，而后人通称衣之工曰裁缝，其所用之尺，因亦另为一系，曰衣工尺，俗称裁尺。

以上三种实用尺度，均一本于律，制本无别；盖自中周以后，度量衡之制已不统一，于是木工衣工，各依其事业之方便，各自传其尺度之制，因而与各代传替律用之法定尺，分成为三个系统。

第一系统，为中国历代法定之制，其传替变迁，大致尚有可考，亦即本编所研究者。

第二系统，仅最初之标准，一本于虞夏古黄钟律尺之制，其后几全不受历代定制之影响。考其因，盖由于木工为社会自由工业，而在中国，又系师传徒受，代代相承，少受政治治乱之影响，木工尺之度，即其相传之制也。木工尺标准之变迁，自古以来盖只有一变。朱载堉曰："夏尺一尺二寸五分，均作十寸，即商尺也，商尺者，即今木匠所用曲尺，盖自鲁班传至于唐，唐人谓之大尺，由唐至今（明）用之，名曰今尺，又名营造尺。"韩苑洛《志乐》："今尺，惟车工之尺最准，万家不差毫厘，少不似则不利载，是孰使之然？古今相沿自然之度也。然今之尺，则古之尺二寸，所谓'尺二之轨，天下皆同'。昔鲁公欲高大其宫室，而畏王制，乃增时尺，召班（公输鲁班）授之，班知其意，乃增其尺，进于公曰，'臣家相传之尺，乃舜时同度之尺'，乃以其尺为之度。"木工尺本为舜时同度之尺，即夏横黍百枚古黄钟律度之制。至周时鲁班增二寸以为尺，乃合商十二寸为尺之制，即合夏尺之一尺二寸五分。韩氏云"尺二之轨"者，即合"商十二寸为尺"之旨，非谓一尺二寸。木工尺自是一变，相沿而下，从无变更。（此处言无变更者，亦指定度之标准而言。至于各地所用鲁班尺，亦有长短之差，然其差之原因，盖有制造不精，日久磨损，以致传替之误。考其长短之间相差并不过巨，即其明证，而若第一系统尺度之差，则更紊乱，其因盖为朝代传接，标准累有变更，以致各地民间用尺长短之差，非常之大，是则非仅由制造磨损之一因，而标准变迁又系一因。均见下第十章。）

第三系统，其初本于律度，但裁缝事业非代代相承不替，故日久则尺度并无标准。而后来民间通用之尺，亦与裁尺不分，故民俗凡通用尺均视为裁尺，而反以朝廷法定之尺，名之为官尺。此"非官尺"所以脱离法制，而不能列入朝廷法制之第一系统（其为尺已无制，本不能成为一系统，但为与前二系统区别起见，故以第三系统目之）。又民间前代传有之尺，后人用之，朝廷法定之尺，人民又用之，而其间增损讹替，毫无根据，纷乱之情况，亦无法以统计，此民间用尺所以紊乱参差，彼长此短，有及倍而过者。（又清初有"裁尺之九寸为营造尺一尺"之记载，然此只为当时定营造尺之度，合其所比裁尺九寸之数，非裁衣尺之标准。又清之营造尺，由于累黍校定者，木工所用之尺，并未受其改变之影响，此并非木工尺传替之标准，不可列入第二系统中。）

第一四表　中国尺制三系表解

中国尺制三系 ┬ 法定尺─（标准变迁见前后各章）┐ 最初标准──古黄
　　　　　　├ 木工尺─（尺度最准标准只有一变）├ 钟律长横黍百枚整
　　　　　　└ 衣工尺─（增损讹替变迁无标准）┘ 分之度

第三节　长度之变迁

论尺度之变迁，必须先定变迁之标准，前述变迁率，系以新莽制为标准，此处应求证实。据前章之考证，可引为度制考据之实者，有三。

（一）大泉之径与开元钱之径，其比为一〇与九，已属确实，故新莽货泉尺之长，为二二八·一三四三公厘，此为实证之一。

（二）周尺即璧羡度尺，其长为一九七·七七八八公厘，此为实证之二。

（三）度量衡标准，与其以他物为证，不如以度量衡实器考之，更为妥当。中国古代度量衡器中，惟新莽嘉量尚完整存至于今，据刘复由嘉量上，校得新莽嘉量尺之长，为二三〇·八八六四公厘，此为实证之三。（详见下第六章第六节）

新莽货泉尺，嘉量尺，均为新莽一代之尺度，所以一以货泉，一以嘉量，为之名者，乃后人以新莽制作之货泉或嘉量考之故，欲正其名，宜以"新莽尺"名之为宜。新莽尺以货泉及嘉量校得之结果，相差为二·七五二一公厘。此差数，以当时制造上可能精密之度，及后人在校验上以所取之准度与方法之不同，二者而论，并不过大，而况其数在一尺全长之度数内，不过将及百分之一耳。

再据朱氏之论，周尺与新莽尺之比，为一〇八比一二五，即可由周之璧羡度尺，推得新莽尺之度。

$$新莽尺 = \frac{125}{108} \times 197.7788 = 228.9106 \text{ 公厘}$$

故据周璧羡度尺，推得新莽尺之度，亦符以新莽货币及新莽嘉量二者校得之数。

（于此更得一实际足为周尺与新莽尺比数关系之佐证；周尺之比数，由黄钟律推得者，新莽尺之比数，由货币推得者，故由黄钟律与货币二者推得之比数又能相通。再如明丘濬曰："明钞尺六寸四分，当周尺一尺"，此与"明钞尺之八寸及周尺一尺二寸五分，皆合古黄钟律长"之说，二者比率亦正相符合。是亦为由黄钟律与由货币二者推法相通之证。）

前言据新莽嘉量，校得新莽尺之长，为二三〇·八八六四公厘，此系一种校得之数。清朝定制，营造尺七寸二分，实合新莽尺一尺，而清营造尺定制于清初，至清末仍本清初之制，而重定其标准，清末之标准，即清初之制度（其详见第九章之考证）。据清末之标准，营造尺一尺为三二〇公厘，则是以新莽尺为历代尺度比较之标准，以清营造尺度为新莽尺定度之准，实又为最善之法。

0.72×320＝230.4公厘＝新莽尺（定度之准）

前依新莽货泉，周璧羡度尺，及新莽嘉量，校得之数，均与此相符，计由货泉璧羡校得者小，由嘉量校得者大。今依清营造尺为准，以推新莽尺，实亦系由嘉量推得，一校一推，所差又属至微，则新莽尺之长度，当不致有大误矣。

今择定新莽尺为中国历代尺度变迁比较之标准，实为至善，前章言黍币以推得历代尺之比数，及《隋书·律历志》载南北朝诸代尺，均可以新莽之制为校验。故中国尺度变迁标准，可作完全之考证，分列图表如下，以表明之：

第一五表　中国历代尺之长度标准变迁表

民国纪元前	朝代	百分比率		一尺合公分数	一尺合市尺数	备考
		以古黄钟为准	以新莽尺为准			
四六〇八以后	黄帝	一〇〇		二四·八八	〇·七四六四	黄帝之度，以九为进退
四一六一—四一一六	虞	一〇〇		二四·八八	〇·七四六四	
四一一六—三六七七	夏	一〇〇		二四·八八	〇·七四六四	
三六七七—三〇三三	商	一二五		三一·一〇	〇·九三三〇	
三〇三三—二一二六	周	八〇		一九·九一	〇·五九七三	
二一二六—二一一七	秦	〇·九分之一〇〇		二七·六五	〇·八二九五	秦以汉制计，参见下第六章

（续表）

民国纪元前	朝代	百分比率		一尺合公分数	一尺合市尺数	备考
		以古黄钟为准	以新莽尺为准			
二一一七—一九〇四	汉	〇·九分之一〇〇		二七·六五	〇·八二九五	
一九〇三—一八八八	新莽	一·〇八分之一〇〇	一〇〇	二三·〇四	〇·六九一二	
一八八七—一六九二	后汉		一〇〇	二三·〇四	〇·六九一二	后汉至隋诸代尺，以新莽尺为比较之标准，详见下六七两章
一八二一以后	后汉		一〇三·〇七	二三·七五	〇·七一二五	此乃汉章帝时累景所造之尺度，见下第六章第九节之一
一六九二—一六四七	魏		一〇四·七	二四·一二	〇·七二三六	

（续表）

民国纪元前	朝代	百分比率		一尺合公分数	一尺合市尺数	备考
		以古黄钟为准	以新莽尺为准			
一六四七—一六三九	晋		一〇四·七	二四·一二	〇·七二三六	
一六三八—一五九六	晋		一〇〇	二三·〇四	〇·六九一二	
一五九五—一四八二	东晋		一〇六·二	二四·四五	〇·七三三五	
一三三一—一三〇六	隋		一二八·一	二九·五一	〇·八八五三	南北朝尺度详细情形，见下第七章第一节
一三〇五—一二九四	隋		一〇二·二	二三·五五	〇·七〇六五	
一二九四—一〇〇五	唐	一二五		三一·一〇	〇·九三三〇	

（续表）

民国纪元前	朝代	百分比率		一尺合公分数	一尺合市尺数	备考
		以古黄钟为准	以新莽尺为准			
一〇〇五—九五三	五代	一二五		三一・一〇	〇・九三三〇	五代以唐制计，参见下第八章
九五二—六三三	宋	〇・八一分之一〇〇		三〇・七二	〇・九二一六	
六三三—五四四	元	〇・八一分之一〇〇		三〇・七二	〇・九二一六	元以宋制计，参见下第八章
五四四—二六八	明	一二五		三一・一〇	〇・九三三〇	
二六八—民元止	清	〇・七七七六分之一〇〇	〇・七二分之一〇〇	三二・〇〇	〇・九六〇〇	

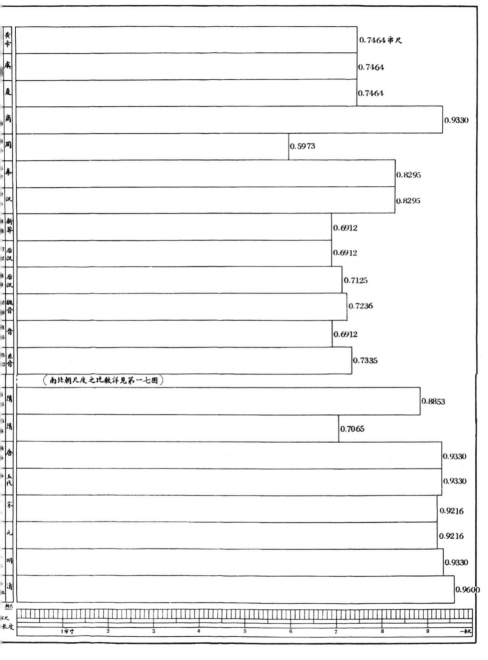

黄帝	0.7464 市尺
虞	0.7464
夏	0.7464
商	0.9330
周	0.5973
秦	0.8295
汉	0.8295
新莽	0.6912
后汉	0.6912
后汉	0.7125
魏晋	0.7236
晋	0.6912
东晋	0.7335

（南北朝尺度之比较详见第一七图）

隋	0.8853
隋	0.7065
唐	0.9330
五代	0.9330
宋	0.9216
元	0.9216
明	0.9330
清	0.9600

第四图　中国历代法定尺之长度标准变迁图

木工尺标准变迁，及其长度之数，列表于下：

第一六表　中国木工尺之长度标准变迁表

民国纪元前	百分比率（以古黄钟律为准）	一尺合公分数	一尺合市尺数
（约）二四〇〇（年以前）	一〇〇	二四·八八	〇·七四六四
（约）二四〇〇（年以后）	一二五	三一·一〇	〇·九三三〇

第四节　容量之变迁

中国历代度制，尚可作较详之考证，于量及权衡之制，则不然，非轻于量衡，而重于度。盖一代之兴必考律，律有度，而度以定，此其一；量衡之制定于度，度制定，则量之大小，权衡之轻重，可由度数推定（如云"八百一十立方分为一龠"，"黄金一立方寸之重为一斤"），此其二。基是二因，吾人考量之制，即须着重于度数之推定，次及各代量制容量大小之比数。

（甲）历代量制标准，以度数为定，可引为量制考据之实者，有七：

（一）《周礼》㮚氏为量，鬴之制，深尺，内方尺而圜其外，由此计得鬴之容积为一五七〇·八立方寸，升为黼六十四分之一，升之容积，应为二四·五四三七五立方寸，依周尺计得周一升之容量，为一九三·七一一二公撮。

（二）古黄钟龠之容积，依汉尺为八百一十立方分，汉制二龠为合，十合为升，则汉一升之容积，为一六·二立方寸，容量为三四二·四五二六公撮。

（三）新莽嘉量，亦依汉制，惟新莽尺小，应依新莽尺计算，得新莽一升之容量，为一九八·一三五六公撮。

（据刘复依新莽嘉量校得升之容量为二〇〇·六三四九公撮，刘氏以其校得嘉量尺之长为计算之准度，又以实际校量之得数，二者平均得之。但，第一，依实物校量，法虽至善，而历代其他之器均无存，固不必以一器为法；第二，尺度之数，前节已为确定，且古者制造之差大，而吾人在研究古代度量衡史事之标准情况，其器量之数，以其当时确定容积之数法计之，实为不二之法，依器校得者，作为实验之证可耳。今依容积标准推算之得数，与刘氏依器校得之数，二者相差不过二·五公撮，此在当时制造上亦不能免其咎。刘氏亦曰："无如原器制造得并不精密，从此一点所量得的径或深，并不等于从别一点所量得的径或深。"参见下第六章第六节。）

（四）《晋书·律历志》曰："魏陈留王景元四年刘徽注《九章·商功》曰：'当今大司农斛，圆径一尺三寸五分五厘，深一尺，积一千四百四十一寸十分寸之三。'"若以现今通用圆周率计之，魏斛积实为一四四二·〇一四立方寸，魏制十斗为斛，百分一为升之容积，应为一四·四二〇一四立方寸，依魏尺计之，魏一升之容量，为二〇二·三四九二公撮。

（五）《隋书·律历志》："后周……玉斗……内径七寸一分，深二寸八分……积玉尺一百一十寸八分有奇，斛积一千一百八寸五分七厘三毫九秒。"（此处寸位以下，分、厘、毫、秒，系指十退分之意非立方也）亦依现今通用圆周率计之，后周玉斗容积为一一〇·八五七六三九二立方寸，十分一为升之容积，应为一一·〇八五七六四立方寸，依玉尺之长度（见下第七章第一节）计之，后周玉斗一升之容量，为二一〇·五三四四公撮。

［（四）（五）两项计得魏及后周量之容积，均较原数为大，盖当时所用圆周率之数小于今也。《隋志》载后周玉斗积数，乃唐李淳风注书时计算者，与现计之数，所差至微。《晋志》载魏斛积数，系魏刘徽计算者，在当时圆周率之差为大，故与现计之数，相差亦较大，但斛积之差不过〇·七立方寸，一升之差仅千分之七立方寸，其数亦甚微也。］

（六）《三通·考辑要》："明铁斛依横黍度尺（即清律尺），斛口内方一尺一寸五分，底内方一尺九寸二分，深一尺二寸八分。"依此计得斛积为三〇八二·八一三四四立方寸，合清营造尺为一六三八·三三三三四五七立方寸，明制五斗为斛，五十分之一为升之容积，应为三二·七六六六六九立方寸，依清营造尺计之，明一升之容量，为一〇七三·六九八二公撮。

（七）清制升之容积为三一·六立方寸，合一〇三五·四六八八公撮。

（乙）各代量制容量大小之比较，仅为前人之校量，其采取之方法，已不可考，而记载亦为约略之语，今用之，亦只为约略之数。

（一）《隋书·律历志》："梁陈依古，齐以古升一斗五升为一斗（参见下第七章第八节之三）……玉升一升得官斗一升三合四勺……开皇以古斗三升为一升，大业初依复古斗。"

（二）孔颖达《左传正义》："魏齐斗秤，于古二而为一。"

（三）沈括《笔谈》："予考乐律及受诏改铸浑仪，求秦汉以前度量斗升，计六斗当今一斗七升九合。"

（四）《元史》："宋一石当今七斗。"

以上各段之记载，参见下第五章至第九章各该代度量衡之考证。又各段中有所谓古者，乃系以新莽之制为准，参见下第七章第八节之一。兹将中国容量变迁标准，分列图表于下：

第一七表　中国历代升之容量标准变迁表

民国纪元前	朝代	一升合公撮数	一升合公升数	备考
三〇三二——二三六	周	一九三·七	〇·一九三七	
二一六——二一一	秦	三四二·五	〇·三四二五	秦以汉制计，参见下第六章
二一七——一九〇四	汉	三四二·五	〇·三四二五	
一九〇三——一八八	新莽	一九八·一	〇·一九八一	
一八八七——一六九二	后汉	一九八·一	〇·一九八一	后汉以莽制计，参见下第六章
一六一一——一六四七	魏	二〇二·三	〇·二〇二三	
一六四七——一四八二	晋	二〇二·三	〇·二〇二三	晋以魏制计，参见下第七章
一四三二——一四一〇	南齐	二九七·二	〇·二九七二	
一四一〇——一三三三	梁陈	一九八·一	〇·一九八一	
一四一七——一三三五	北魏北齐	三九六·三	〇·三九六三	
一三五五——一三四六	北周	一五七·二	〇·一五七二	

（续表）

民国纪元前	朝代	一升合公撮数	一升合公升数	备考
一三四六一一三三一	北周	二一〇·五	〇·二一〇五	
一三三一一三〇六	隋	五九四·四	〇·五九四四	
一三〇五一二九四	隋	一九八·一	〇·一九八一	
一二九四一一〇〇五	唐	五九四·四	〇·五九四四	
一〇〇五一九五二	五代	五九四·四	〇·五九四四	五代以唐制计，参见下第八章
九二一一六三三	宋	六六四·一	〇·六六四一	
六三三一五四四	元	九四八·八	〇·九四八八	
五四四一二六八	明	一〇七三·七	一·〇七三七	
二六八一民元止	清	一〇三五·五	一·〇三五五	

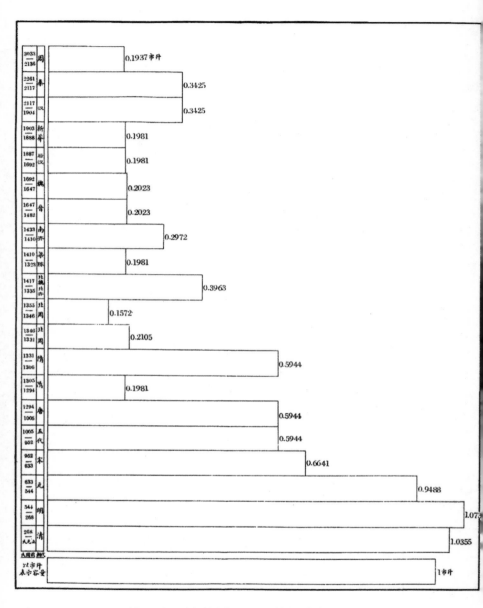

第五图　中国历代升之容量标准变迁图

第五节　重量之变迁

自太公立"黄金方寸，其重一斤"之制后，历朝均遵之以为校验度衡二量之用。然历代是否铸有一立方寸黄金之原器，则不可考，而黄金之比重，各朝实用如何，亦不可考。若以今之黄金比重，依各朝寸法之数，推算其重量之数，则因寸之实值有问题，其法亦难靠。今可为衡制考据之实者，仅前章以货币校得之数，此自亦非可依为绝对之准，然大约当不至差之过远，既无其他更密之法，当即依之以为约略之比较。

新莽权衡一两之重，前依新莽货币校得为一三·六七四六公分，据刘复依新莽嘉量校得为一四·一六六六公分，兹将二数平均之，以为新莽一两之重。

$$\frac{13.6746+14.1666}{2}=13.9206\,公分重=新莽一两之重$$

前人校量所得各代权衡之重量比数，亦不多见。

（一）《隋书·律历志》："梁陈依古称，齐以古称一斤八两为一斤，周玉称四两当古称四两半，开皇以古称三斤为一斤，大业中依复古秤。"

（二）孔颖达《左传正义》："魏齐斗秤，于古二而为一。"

中国重量变迁标准，分列图表如下：

第一八表　中国历代两斤之重量标准变迁表

民国纪元前	朝代	一两合公分数	一斤合公分数	一斤合市斤数	备考
三〇三二—二二三六	周	一四·九〇三	二三八·四五	〇·四七七	
二二三六—二二一七	秦	一六·一四	二五八·二四	〇·五一六五	
二二一七—一九〇四	汉	一六·一四	二五八·二四	〇·五一六五	汉以秦制计，参见下第六章
一九〇三—一八八八	新莽	一三·九二	二二二·七二	〇·四四五五	
一八八七—一六九二	后汉	一三·九二	二二二·七二	〇·四四五五	后汉至晋以莽制计，参见下第六七两章
一六九二—一六四七	魏	一三·九二	二二二·七二	〇·四四五五	
一六四七—一四三二	晋	一三·九二	二二二·七二	〇·四四五五	
一四三二—一四一〇	南齐	二〇·八八	三三四·〇八	〇·六六八二	
一四一〇—一三三三	梁陈	一三·九二	二二二·七二	〇·四四五五	

（续表）

民国纪元前	朝代	一两合公分数	一斤合公分数	一斤合市斤数	备考
一五二一——一三七八	北魏	一三·九二	二二二·七三	〇·四四五五	北魏合莽制，参见下第七章第六节
一三七八——一三三五	东魏北齐	二七·八四	四四五·四六	〇·八九〇九	
一三四六——一三三一	北周	一五·六六	二五〇·五六	〇·五〇一一	
一三三一——一三〇六	隋	四一·七二	六六八·一一	一·三三三六	
一三〇五——一二九四	隋	一三·九二	二二二·七三	〇·四四五五	
一二九四——一〇〇五	唐	三七·三〇	五九六·八二	一·一九三六	
一〇〇五——九五二	五代	三七·三〇	五九六·八二	一·一九三六	五代至明合唐制，参见下第八章
九五二——六三三	宋	三七·三〇	五九六·八二	一·一九三六	
六三三——五四四	元	三七·三〇	五九六·八二	一·一九三六	
五四四——二六八	明	三七·三〇	五九六·八二	一·一九三六	
二六八——民元止	清	三七·三〇	五九六·八二	一·一九三六	

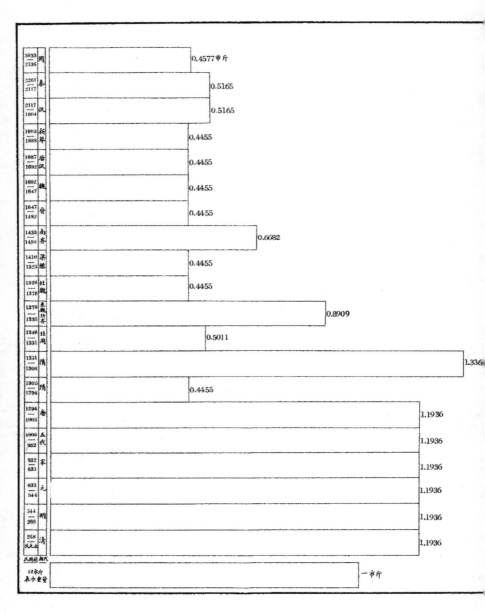

3033 2136	周	0.4577市斤
2201 2117	秦	0.5165
2117 1904	汉	0.5165
1903 1888	新莽	0.4455
1887 1692	后汉	0.4455
1692 1647	魏	0.4455
1647 1482	晋	0.4455
1433 1410	南齐	0.6682
1410 1323	梁陈	0.4455
1526 1378	北魏	0.4455
1378 1335	东魏北齐	0.8909
1346 1331	北周	0.5011
1331 1306	隋	1.336
1305 1294	靖	0.4455
1294 1005	唐	1.1936
1005 962	五代	1.1936
952 633	宋	1.1936
633 544	元	1.1936
544 268	明	1.1936
268 民元止	清	1.1936
民国历	现代	
以市斤 表示重量		一市斤

第六图　中国历代斤之重量标准变迁图

第六节 地亩之变迁

我国上古之世，计土地面积，行井田计亩之法，秦废井田之制以后，专以亩计地积。惟中国历代对于地亩之数，本无精密统计，又未经清丈，亦无确定计亩之单位。故考历代亩制，根本无据可考，更不必言其变迁之情况。

地积之量，以长度之二次方幂计之，地积本身则无为标准之基本量；故言地亩之大小，可由尺度之数计之。中国亩制，向以步计，步又以尺计。周制六尺为一步，一百方步为一亩；秦汉以后二百四十方步为一亩；唐以后改五尺为一步，亩仍为二百四十方步。此中国步制亩制变迁之概况（详见下第四章第四节之考证）。故若欲计各代亩量之大小，即以各该代尺之长度计算之，即得。惟前已言，中国历代根本无亩量确实之规定，今即依此法，虽可计算其大小之数，但若据此以表明其变迁标准，实至无价值。今仅将以尺数计步亩之法，表明于次，以备参考。

第一九表　中国步亩之尺数变迁表

民国纪元前	朝代	一步合尺数	一亩合方步数	备考
二一三六（以前）	周（以前）	六	一〇〇	

（续表）

民国纪元前	朝代	一步合尺数	一亩合方步数	备考
二二六一—一二九四	秦(至)隋	六	二四〇	
一二九四—民元止	唐(至)清	五	二四〇	

第四章　中国度量衡命名通考

第一节　总　名

　　完全度量衡之义，可以"度量衡""度量权衡""权度"（或为"度量""衡权""权度"）三种称谓名之。盖物之长短，及其二次幂三次幂之面积体积，以尺测之，是名为度；物之多寡，以升测之，是名为量；物之轻重，以天平砝码及秤类测之，是名为衡；故总名之曰"度量衡"。顾平天秤之砝码，及平其他秤类之锤，本为重量，是名为权；秤类之用，所以平衡权与物之相均，是名为衡；故又总名之曰"度量权衡"。再则量之多寡不离度，量与度同属于有形大小测量之一类，合名为度；而计轻重者，衡不离权，衡与权同属于无形轻重测量之一类，合名为权；故又总名之曰"权度"。

　　考"度量衡"之名，始自《虞书》"同律度量衡"之语，而阐明于《汉书·律历志》，历代因以名之。清代用

"度量权衡"之名。至民国四年根据"权然后知轻重，度然后知长短"之成语，而适合欧西名称，名之曰"权度"（Weights and Measures），盖以度量衡之基本量，仅有长度及重量二种故也。民国十八年国民政府公布《度量衡法》，而"度量衡"之总名，亦经确立，盖以基本量虽仅为二，而实用之量，依其方法则有三。且清代以前以量之容积，由度数定之，本属于度之同类；近代则由衡数定之，因不属于度之一类；于是容量必须与长度及重量同定其标准，故以"度量衡"三字名之，为切合于实际。且由此而生之其他一切"计量"，均可纳于"量"。

（此外在汉代以前，有以"度量"名之者，如少昊氏"正度量"是；周代亦以"度量"为名，周公"颁度量"，周礼内宰"出度量"，合方氏"壹度量"，大行人"同度量"等均是。而孔子则以"权量"为名，故曰"谨权量"。此类名称均不能代表"度量衡"总名之全义。又历代多即以器名为名者，则不胜枚举，如《夏书》"关石和钧"，《礼记》"钧衡石，角斗甬，正权槩"，《急就篇》"量丈尺寸斤两铨"，《大事记》"一衡石丈尺"，《唐律》"校斛斗秤度"，《明会典》"斛斗秤尺"等均是其例。又，量衡生于度，而度生于律，律证以度，故有以"律度"为名者，非单谓度量衡也。）

度量衡，合之称为"度量衡"，分之称为"度""量""衡"。分名之确立，盖始于汉刘歆之条奏，曰"审度"，曰"嘉量"，曰"衡权"。而"嘉量"之名，则《周礼》桌氏为量，已有此名。审者，定也，度者，所以度长短，以体有长短，则检以度；故审度者，定其度之长短。嘉者，善也，张晏曰："准，水平。量知多少，故曰嘉。"量者，所以量多少，以物有多少，则受以量；故嘉量者，准其量之多少。衡者，平也，权者，重也，衡所以任权而均物平轻重，权所以称物平施知轻重，以量有轻重，则平以权衡；故衡权者，平其权之轻重。又"嘉量"二字自来成为一专名，自《周礼》已然（但"审度"不为度之名，"衡权"不为权之名）。

度量衡之分法，最初尚有二系，独立于度制、量制、衡制之外，一曰里制，二曰亩制。《家语·五帝德篇》："黄帝设五量"，注谓"权衡、斗斛、尺丈、里步、十百、五量"，是里步独立于度制之外。盖中国最初丈量之法未兴，计道路之长短，每以人之步数计之，累步而为里，是为里制。计田地之广狭，亦以步里计之，是步里亦为亩制之名。故黄帝设五量，其中里步一量为一制，但里制及亩制并无显明分际。至周代已确定步与尺之比较。由是里亩二制，殆与度制视一而二二而一者。

清末以来，于度制之中又别列一地积之制，是即分亩制于度制之外，而将里步命名为方里方步，附列地积制中。合度制与地积总名为"度法"。民国四年公布《权度法》始将长度、地积、容量、重量四法并列；民国十八年《度量衡法》仍民四之旧，分为四法（按普通应用只有重量，科学工程所用之质量应归纳之）。

第二○表　度量衡总名历史的表解

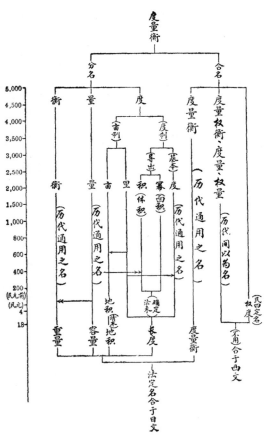

注：→表示属于，⇢表示标准属于。

面积古已有幂、面幂、面积等名称，体积古已有积、立积、体积等名称，但并无确定，仅为应用之便而命名。其名之确定，则自近代为始。

第二节　器　名

凡一制度之名有二：一曰法名，即其为制之单位名称，如云"十分为寸，十寸为尺"，此尺、寸、分之名，法名也；二曰器名，指其为器用之名，如谓度器曰"尺"，此尺者器名，非十寸为尺法名之尺也。凡度制、量制、衡制，均有法名与器名二种。

度器之名，每即以度法之名名之，如其器量为一尺，即名曰"尺"，此最初之意；而后世则无论其器之长若干，统名为"尺"，如一尺之度器曰"尺"，五寸之度器，五尺之度器，均可称之为"尺"，是以"尺"为度器之总名，盖为后世之讹传。如今犹谓标准制度器长三十公分者，名"三十公分尺"，长五十公分者，名"五十公分尺"，此讹传于前，而误用于后者。

因"尺"视作度器之总代名，言"尺"者以三种眼光分之：

（一）以"尺"之为用不同，而异其器之名者：校律用之度器，曰"律用尺"，简称"律尺"；木工用之度器，曰"木工尺"，简称"木尺"，又名"鲁班尺"；营造用之度器，曰"营造尺"，是由于木尺之分出；衣工用之度器，曰"衣工尺"，又名"裁缝尺"，简称"裁尺"；此皆通用度器之名（海关尺为海关上专用之尺，系辱国之度器，不可与此同论）。

（二）以"尺"之本制或国别，而异其器之名者：英国制之度器，曰"英尺"，简称为"呎"；日本制之度器，曰"日本尺"，简称"日尺"；而法国"米突"制之度器，曰"米突尺""米达尺""密达尺""迈当尺"等，均系译音。今米突制为我国度量衡标准制，不名之米突尺，而名米突之长度为"公尺"，因"米突"之原意，亦为度量也。依公尺制为度器，亦不名"尺"，而曰"一公尺度器"，余依此类推。

（三）历代因人之考定，而有"刘歆尺""荀勖尺"等名者；又因考定之标准，而有"黍尺"（又有"横黍尺""纵黍尺""斜黍尺"之分）、"钱尺"（如"货泉尺""开元钱尺""钞钱尺"等是）等为名者；是皆专为历史上考证之用，所以别尺度之名，而非通用之度器也。

清末重定度量权衡制度，又以度器构造式样之不同，而分为营造尺、矩尺、折尺、链尺、卷尺五类。民国四年《权度法》改营造尺矩尺之名，为直尺曲尺，民国十八年《度量衡法》仍之。考卷尺之制始于汉。《汉志》曰："用竹为引，高一分，广六分，长十丈"，是即卷尺之制，惟其名则始自近代。

量器之名，有以嘉量为名者。大概一如度器，以量法之名为名。古者量小，依斗斛之容量制为器，故以斗斛为量器之名（如大禹"平斗斛"，《礼记·月令》"角斗甬"，甬即斛，此所谓斗斛，指量器之名也），后代量大，依升斗之容量制为器，故以升斗为量器之名（如俗谓"一阛之内，两斗并行"，"南人适北，视升为斗"，此所谓升斗，指量器之名也）。清末重定度量权衡制度，斛斗升外又明定合勺二种为量器之名。现则专以"量器"为名，如"一升量器""五斗量器"之类，但习惯上仍旧量法与量器之名不分也。

平量器口之器，曰槩，亦书作概；槩者，平也，言用槩如水之平，以量器计量物体，须以口为平，故平量器口之器曰槩。《礼记·月令》有"正权槩"，槩之名，历代沿用，今仍之。又杚亦音作槩，古通用，今不用。

衡权之器，古名曰权，曰衡。权者，重也，称物平施知轻重，是权之为器，为今之秤锤及砝码，大夏"审铨衡"，铨即权，《月令》"正权槩"，《论语》"谨权量"，所谓权，是均指重量之器。衡者，平也，任权均物平轻重，是衡之为器，即今之各种秤类。《汉志》曰："五权之制，以义立之，以物钧之，其余小大之差，以轻重为宜，圜而环之，令之肉倍好者。"是古权之制，其重有准，其形有定式，圆而有孔，盖即锤也。今者锤多滥造，既无轻重之准，不足为重量之用矣。

颜师古曰："锤，称之权。"考锤为称权之名，周时已有，《扬子方言》谓："重也，东齐之间曰鉞，宋鲁曰锤。"

汉代之衡器，即今之杆秤，但《汉志》曰："权与物钧而生衡，衡运生规，规圜生矩，矩方生绳，绳直生准，准正则平衡而钧权矣"，是汉代衡器已设有准。称俗作秤，《史记》有"禹身为度，称以出"，而"称"之名，周已有之，《孙子》有"四曰称"之文。不过古者以"秤"为衡法之名，而"称""秤"相通；通以称或秤为衡器之名，汉以后始著，如诸葛亮曰："我心如秤，不能为人低昂"，《隋志》亦均谓称，如"梁陈依古称"是。此后沿名无替，清末始定名为杆秤，今仍之。

戥称一作戥子，亦名等子，其制作据可考者，唐有大两小两之分，《旧唐书》谓"合汤药，用小两"，是即戥称之制作，而无其名。宋景德（民元前九〇八年—民元前九〇五年）时，刘承珪制有一两及一钱半二称，是亦戥称之制，仍非其名。至宋元丰（民元前八三四年—民元前八二七年）时中，始有等子之名，李方叔《师友谈记》："邢和叔尝曰，子之文铢两不差，非秤上秤来，乃等子上等来也"，是戥称之用，所以秤金珠药物之分厘小数者，故今谓之曰厘戥。明代曰等秤。戥之名《清会典》有其名，清末曰戥称，今仍之，但习俗上仍有戥称、戥子、等子、厘戥等之名。

天称之名，始见于《明会典》，沿用于今。砝码之器，亦古之所谓权者，迄无更名，《宋史·律历志》谓"马"，《明会典》称"法子"或"法马"，清称"砝码"，今仍之。其余如台秤地秤重秤等类衡器及其名，盖为由欧西输入国内，古无其名，是否有其器，亦不可考。

此外烙印之制，盖用始于唐，《唐律疏议》曰："校斛斗秤度，依关市令，每年八月诣太府寺平校，不在京者，诣所在州县官校，并印署，然后听用。"唐以后烙印之制均有可考，《宋史》载印面有方印、长印、八角印。《明会典》有"斛斗秤尺，校勘印烙发行"，《清会典》亦有"校验烙印"之文，盖烙印之法，唐宋明清均行之，民国四年规定于《权度法》中，而对于盖印之名，除烙印外，又有錾印之名。现行《度量衡法》对于盖印之制，更为严密。

第二一表　度量衡器名历史的表解

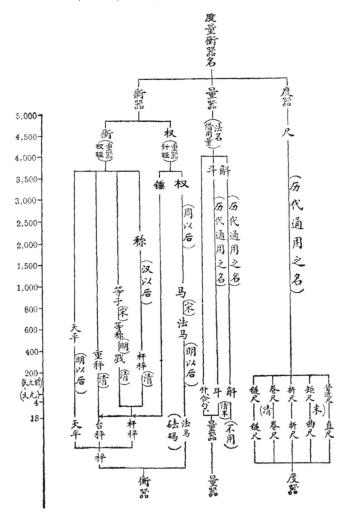

第三节　长度之命名

度制之基本单位，命名为尺，自古已然，盖以度本于律，律之数生于黄钟，黄钟之长为一尺，于是度制始定，而尺度亦为度之基本量。

度法之实用原位亦为尺，顾在周代以前，度名发生最早者，有寸、咫、尺、丈、寻、常、仞，皆以人体为法，因其为用目的之不同，仞亦为实用之单位。不特如此，且仞之为度，脱离于尺度之外，盖在当时度量衡之制虽生，但尚无显明之分划，尺一制也，仞亦一制也，兹分说之：

（一）尺，即度之基本单位，考尺之制定于律，为国家定法，以其近一手之长，易于识别，故曰布手知尺，又曰尺者识也，因而通用之，以为实用单位。

（二）仞，为度深实用之单位，盖人以两手一伸，上下以度，即为一仞。当时仞度与尺度并无关联（或有，而后世不能确定），故其比数不能确定（设仞为尺之辅助单位，不应无确定比数），仅《孔丛子》有"四尺谓之仞"之文。而《周书》云："为山九仞"，孔安国注云："八尺曰仞"，郑玄注云："七尺曰仞"；《论语》"夫子之墙也数仞"，朱子注云："七尺曰仞"，《孟子》"掘井九仞"，朱子又注云："八尺曰仞"。其余或注为七尺，或注为八尺。考《周礼》沟、洫、浍、广四尺，深四尺，谓之沟；广八尺，深八尺，谓之洫；广二寻，深二仞，谓之浍。依其比列为加倍之义，寻为八尺仞亦八尺（度广云寻，度深云仞，此即仞度为尺度以外，专以度深之另一种度法名之证）。再考寻与仞皆人伸两手之全度，惟普通之度法，所谓度广曰寻，则两手左右平伸，尽其全度，度深，则两手上下直伸，不能尽其全度，则仞度小，寻为八尺，而仞只有七尺。然仞与尺之比数，既不能定，吾人亦不必求之。"仞"在当时似为尺度以外之制，然其标准取则人体，吾人只能认为度制中之另一实用单位可也。

《家语》："布指知寸，布手知尺，舒肘知寻。"《说文》曰："人手却十分动脉为寸口，十寸为尺。"又曰："中妇人手长八寸，谓之咫。"又曰："周制以八寸为尺，十尺为丈，人长八尺，故曰丈夫。"又，八尺曰寻，倍寻曰常。兹再将其余名说列下，以见最初度名之一般。

（一）《孔丛子》："四尺谓之仞，倍仞谓之寻，寻，舒两肱也，倍寻谓之常；五尺谓之墨，倍墨谓之丈，倍丈谓之端，倍端谓之两，倍两谓之疋。"

（二）《淮南子》："古之为度量轻重，生乎天道，黄钟之律修九寸，物以三生，三九二十七，故幅广二尺七寸，音以八相生，故人修八尺，寻自倍，故八尺而为寻，有形则有声，音之数五，以五乘八，五八四十，故四丈而为匹。"

（三）《大戴礼记》："十寻而索。"

以上均为周代以前度法命名，列表如次：

第二二表　中国上古长度命名表

系统类别	通用名称	非通用名称	进位	备考
尺制	寸		十分之一尺	
	咫		八寸	
	尺		十寸	基本单位亦为实用单位
	丈		十尺	
	寻		八尺	
	常		二寻即十六尺	
		幅	二尺七寸	
		墨	五尺	
		端	二丈即二十尺	
		两	二端即四十尺	
		匹	四丈即四十尺	
		疋	二两即八十尺	
仞制	仞			实用单位
	寻		二仞	
	常		二寻即四仞	
	索		十寻即二十仞	

　　长度名称，经《汉书》之整理，只存寸尺丈三名，而寸下增分，丈上增引，合而为五，即所谓五度者，均以十进。

第二三表　汉代五度表

分（百分之一尺）	寸（十分即十分之一尺）	尺（十寸即单位）	丈（十尺）	引（十丈即百尺）

自汉代而下，度制自尺之单位以上，均止于丈。里步之名，发生虽早，而历代均视为亩制之命名（参见下节）。清初里另为一法，度法亦止于丈（见《数理精蕴》）。至清末重定度量权衡，丈以上有引里之名，十丈为一引，命里为一八○丈，丈与尺之间，列入步名，命步为五尺。及民国十八年《度量衡法》删去步之名，并改里之进位为一五○丈。

度法分位以下之命名，盖均为算家为计算而定者。故《汉志》命度至分为止，而又曰："度长短者，不失毫厘"，盖只谓度之微细也。新莽嘉量铭有庣旁几厘几毫之语，即由算法推定其数，而命其名者。自《孙子算术》有"蚕所生，吐丝为忽，十忽为秒，十秒为毫，十毫为厘，十厘为分"后，分、厘、毫、秒、忽，递以十退之命名，成为算术所用之专名。秒位之命名，至宋代改名为"丝"。清《数理精蕴》度法自忽而下，有微、纤、沙、尘……之名，然为借用小数之命名，实际无用之者。至清末度法确定至毫位为止，经民国四年《权度法》及民国十八年《度量衡法》均无变更。但现标准制（民四谓乙制）至厘位为止，盖为适合西制原来命名及进位之法（现制分标准制及市用制，标准制名称，于普通命名之上，加"公"字，市用制加"市"字，或者去"市"字亦可。详见下第十二章）。

第二四表　汉以后长度命名表

丈 (十尺)	尺 (十寸)	寸 (十分)	分 (十厘)	厘 (十毫)	毫 (十秒)	秒(十忽,宋 以后名丝)	忽

面积单位，为长度单位之平方，体积单位，为长度单位之立方，故面积体积之命名，随长度命名而定。惟古者无"平方""立方"之名，而仍以长度之名直接名之，故欲判其命名孰者为长度，孰者为面积，孰者为体积，必察其上下文义定之。至以"方"为名，实始于清，至清末始确判其界限。然若长度以十为进位，则面积以百为进位，体积以千为进位，其理则不渝也。

此所谓以"方"为名者，指度名之上，命以"方"，如云五平方尺，五立方尺。古者，亦有"方"之名，但非若干方尺之谓，乃"方若干"之谓，如云"方五尺"，指五尺平方，面积为二十五方尺。在今言"五尺平方，面积二十五方尺"，在古则曰"方五尺，幂二十五尺"，又"五尺立方，体积一百二十五立方尺"，古亦谓"方五尺，积一百二十五尺"。其意相通。

现今俗语有"地方""土方"二名："地一方"，指十市尺长十市尺宽之地面积，合一百平方市尺；"地一公方"，指一平方公尺之地面积；"土一方"，指十市尺长十市尺宽一市尺高之土体积，是为填土一方之体积，合一百立方市尺。

第二五表　长度命名历史的表解

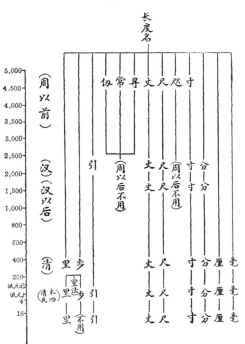

第四节　地积之命名

地积单位名称发生最早者，为步亩与里，据可考者，亦以周为始。

《汉志》云："建步立亩……六尺为步，步百为亩，亩百为夫，夫三为屋，屋三为井，井方一里。"

研究步亩里三单位，应注意二点：一则其名何者为长度，何者为面积，次则论其进位。今先言步：计地之边，其步指长度；计地之积，其步指面积。步者，行也，《小尔雅》曰："跬，一举足也，倍跬谓之步"，《白虎通》："人践三尺，法天地人，再举足步，备阴阳也"，是步指长度，合六尺。亩为地积之专名，不可视为度名，则步百为亩之义有二：其一，百步平方为亩，即三六〇·〇〇〇平方尺；其二，百平方步为亩。第一，若以三六〇·〇〇〇平方尺为一亩，则亩之单位太大，一夫治百亩，必不如是。第二，亩为地积专名，犹幂之义，但幂用为普通面积之名，地积则亦名积（非前言之体积）。言"步百为亩"者，犹言亩百步，即积百步（一亩为一百方步，犹言幂百步，意同也）。则"六尺为步"，长度之步，计六尺；"步百为亩"，面积平方之步，计三十六方尺，亩之进位，则为一百方步。又井方一里，计三屋，九夫，九百亩，一里见方，即一方里，合九百亩。而一里合三百步，即千八百尺。

周秦汉之制，均以六尺为步，《史记》："数以六为纪……六尺为步。"《索隐》曰："《管子》《司马法》皆云'六尺为步'……非独秦制。"步亦名曰弓，弓之名，由来亦已久，《仪礼·乡射礼》："侯道五十弓"，疏："六尺为步，弓之古制六尺，与步相应"。盖弓本为发矢之器，其长古有定制，正与再举足步相当。因步亦以弓为名，后世以弓本为器，又即以步弓为计步之器（又，以尺为度器之总名，故亦名曰"步弓尺"）。

《旧唐书》："凡天下之田，五尺为步。"五尺之步，自唐下迄民初，均已以为定法。《清会典》："起度，则五尺为步，三百六十步为里；丈地，则五尺为弓，二百四十弓为亩。"是清制别里步为度之名，专以弓为亩制之名，而弓与步之长度，则相同也。

民国四年《权度法》废弓之名，现制步弓之名全废，然民俗尚有存此观念者。

周制一百方步为亩，号曰小亩。商鞅佐秦孝公，废井田，开阡陌，更制二百四十方步为亩，是为中亩。自秦制二百四十方步为一亩以后，经汉而下及清制，无有变更。《旧唐书》有"步二百四十为亩"。窦俨曰："小亩步百，周制也；中亩二百四十，汉制也；大亩三百六十，齐制也（此所谓齐制大亩，尚系言南北朝之世亩制增大，然其时是否定大亩之制，则难考实）；今所用者，汉之中亩。"自秦迄唐宋均以二百四十方步为一亩。清《户部则例》"每亩：直测之，为横一步，纵二百四十步；方测之，为横十五步，纵十六步"；平方之，则亩均为二百四十方步，迄民四《权度法》不变。

《王制》："古者以周尺八尺为步，今以周尺六尺四寸为步，古者百亩，当今东田百四十六亩三十步"，郑注又谓："当作百五十六亩二十五步"；程子曰："古者百亩，止当今之四十亩，今之百亩，当古之二百五十亩"；张作楠谓："周尺当营造尺六寸四分，周制步百为亩，清制二百四十步为亩，则周百亩，当清二十五亩六分"。诸氏之说，一则其所据古今尺度之长短未可靠，二则步数进位不可靠，故其所云比例之数，均不可以为根据。又其比例之数，系以算法推得者亦不可以为历代亩制之准。

里，亦为历代用作亩名之一。《大戴礼记》："三百步而里。"（《度地论》谓三百弓为一里，是弓即步，又为一证）周以后六尺为步，一里为一千八百尺，即一百八十丈。宋明算家谓里为三百六十步，自唐以后即以五尺为步，一里亦为一千八百尺。清代命里为度法之名，亦为一百八十丈。是里之进位，为一百八十丈，历代殆无变更。亩法名之里，称为方里，实始于清。周制方里而井，井九百亩，故一方里为九百亩。自唐以后，五尺为步，一方里合五百四十亩，至清始规定方里与亩之比数，清《数理精蕴》载有方里积五百四十亩之明文。

亩位以上，百进名顷，始于秦。考顷之本义，与跬同，一举足也，《礼记·祭义》有："君子顷步而弗敢忘孝也。"注："顷与跬同，计半步。"《汉书·沟洫志》有"溉田四千五百余顷"之文，此顷名之用，汉承秦之遗制。亩位以下古有角名，以分亩为四分，一为一角。然实用，则每以分厘毫丝忽之名，移用于亩及方步之下，均以十退，宋明清均然。

第二六表　中国历代亩数命名表

（甲）亩法（所以分别田地阔狭远近之法）

顷	百亩为顷
亩	横一步，直二百四十步，为一亩，每步止五尺。若以丈计，即横一丈，长六十丈。以尺计长横，计积六千尺（即方尺）
角	一亩分为四角，每角六十步（即方步）
分	二十四步（即方步）为一分，十分为一亩
厘毫丝忽	均十退

（乙）步里法

里	三百六十步为一里，计一百八十丈，约人行一千步
步	方五尺（五尺见方即二十五方尺）
分	五寸，一尺为二分
厘	半寸，一寸为二厘
毫丝忽	同亩之分厘毫丝忽，分是亩十分之一；步之分厘毫丝忽，分是步十分之一

清末重定度量权衡制度，不列步之分法，而于前言亩法各名之外，又加方丈方尺之名。今习俗谓地"若干方"，即仍清以方丈为丈地之起度，又简称曰"方"之遗制，故今俗语亦谓一平方市丈为地一方。

第二七表　清末地积命名表

方尺	一百方寸
方步	五尺平方，即二十五方尺
方丈	四方步
分	二十四方步，即六方丈
亩	二百四十方步，即十分
顷	百亩
方里	五百四十亩

民四《权度法》，地积法名只用顷、亩、分、厘、毫五位，亩上百进，亩下十进，现法仍之（毫以下之命名，实际仍有用之者）。惟标准制（民四乙制同）未列分毫二位，亦为适合西制原来进位之法也。

第二八表　地积命名历史的表解

第五节　容量之命名

量制之兴为最早，量法之名，亦最为复杂。

（一）《小尔雅》："敊二升，二敊为豆，豆四升，四豆曰区，四区曰釜，二釜有半谓之庾。"

（二）《左传》晏子曰："齐旧四量，豆、区、釜、钟，四升为豆，各自其四，以登于釜，釜十则钟；陈氏三量，皆登一焉，钟乃大矣。"陈氏登一，谓其量由自四加一为进位，即陈氏三量加旧量四分之一，五升为豆，五豆为区，五区为釜，十釜为钟。

（三）《周礼》："㮚氏为量……量之以为鬴。"鬴与釜同量异名者。

（四）《仪礼·聘礼》："十斗曰斛，十六斗曰籔，十籔曰秉，四秉曰筥，十筥曰稯，十稯曰秅。"《礼记·月令》有角斗甬，注，甬斛也，是甬为斛之异名。郑玄注云："古文籔，今义逾也，《集韵》作㔶，注云：'㔶器受十六斗。'正义：'庾，逾，籔，其数同。'"又注："秉谓刈禾盈手之秉也，筥，穧名也，若今莱易之间，刈稻聚把，有名为筥者，诗云'彼有遗秉'，又云'此有不敛穧'。"是秉、筥、稯、秅，皆为禾稼计数之名，借为计量之名者。

（五）《孔丛子》："一手之盛谓之溢，两手谓之掬……掬四谓之豆，豆四谓之区，区四谓之釜，釜二有半谓之籔，籔二有半谓之缶，二缶谓之钟，二钟谓之秉，秉，十六斛也。"掬，一升，与敊同，但与《小尔雅》所言敊之进位不同。又钟之进位，照推为釜之十二倍半，亦与《左传》"釜十则钟"之进位不同。又釜二有半谓之籔，计籔为一百六十升，而籔据《聘礼》为十六斗，故斗之量十升，于此又可证之。

　　据此，可知周代量制名称之复杂，吾人研究，应注意当时实用情形，盖有二义，一为计量之名，一为收稼之数，二者恒有相辅为用之意。升、斗、斛、豆、区、釜、钟皆为量名；溢、匊系约略计量之名；籔、筥、稯、秅、秉、庾、缶等均系借用之名。进法之法有二种，一以二进，一以五进。其一，如缶二谓之钟者，以二进也；四升曰豆，以二之二次幂进也；十六斗曰籔，以二之四次幂进也。其二，如五升为豆者，以五进也；二釜有半谓之庾，以五之二分一进也；十斗曰斛，以五之二倍进也。

　　次则考其基本量及实用量之单位。周制均以人体为法，一手曰溢，两手曰掬，盖掬为当时之基本量，《孔丛子》谓"掬四谓之豆"，与晏子云"四升为豆"相通，掬即升也。考升之本义，登也，进也，两手之盛，量之基本，由是而登进，自其四进，登于豆、区、釜，自其十进，登于斗、斛，故升实为当时容量之基本单位。而匊即掬，为手取之原义，名之于量则曰升，一匊即为一升。《小尔雅》谓"匊二升"与此义不通。又《礼记·月令》"角斗甬"（即斛），而《考工记》之量为鬴（即釜）、豆、升，升所以存基本量，周时亦不见于实用，孟子每言食粟万钟，则斗、斛、豆、区、釜、钟，均为实用之量。而实际量之实用单位为斗斛，以斗斛之量为实用单位，因名量器为斗斛。《月令》角斗甬，斗角即谓量器也。至孟子言粟以钟，钟乃量之大者，言其多也，《考工记》之量，大者为鬴，小者为豆，但鬴与豆见于实用之处不多。又豆之容量，实近于今升之容量，鬴，十六豆，亦近于今斗之容量。《考工记》

有："食一豆肉，饮一豆酒，中人之食也。"此可证豆量近于今之升。又豆后世以之与斗通，斗古俗作㪷，㪷即豆，亦为斗，此可互通。区介于豆与釜之间，钟量过大，均不为实用之单位。

量法之名，至《汉书·律历志》始作有系统之命定，《汉志》称五量，谓龠、合、升、斗、斛，二龠为合，由合至斛均以十进。盖以升为起量之基本，斗斛为实用之量名，故《汉志》存升斗斛三名，而《汉志》完备度量衡之制，均本于黄钟，黄钟龠之所容，即为一龠，龠之量小，故又合之为合，十合为升，因多龠合二名，而量之基本单位及实用单位，则与周制同也。（《说苑》曰："十龠为一合，十合为一升，十升为一斗，十斗为一斛。"则进龠为合，与《汉志》不同，然龠之名只有其制，并不见于实用，以此为一说可也。）

第二九表　中国上古容量命名关系表

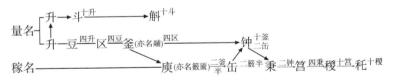

第三〇表　汉代五量表

龠 （黄钟龠之所容）	合 （二龠）	升 （十合）	斗 （十升）	斛 （十斗）

《孙子算术》："六粟为圭，十圭为抄，十抄为撮，十撮为勺，十勺为合。"由是合以下之命名，增多四位，均以

十退。而完全十进之斛、斗、升、合、勺、撮、抄、圭，八位命名，及粟之名，自汉而下，历代相承以为法。

第三一表　汉以后历代容量命名表

粟(即一粒之粟)	圭(六粟)	抄(十圭)
撮(十抄)	勺(十撮)	合(十勺)
升(十合)	斗(十升)	斛(十斗)

石，本为权衡名称中钧石之石，所谓一百二十斤者，历代均以十斗称为斛，但事实借石为斛之石者，颇多可考。如《南史》谢灵运曰："天下才共一石，曹子建独得八斗，我得一斗，自古及今共用一斗。"是十斗为石，其名在南北朝之世已然。又如《史记》有"饮一斗亦醉，一石亦醉"之语，《汉书》亦有"泾水一石，其泥数斗"之语，是以称一斛为一石，汉已如此。丘濬曰："吕祖谦作大事记，于始皇平六国之初，书曰，'一衡石丈尺'，而其解题，则云，'自商君为政，平斗甬、权衡、丈尺'，意其所书之石，非钧石之石也，后世以斛为石，其始此欤。"盖名斛为石，始自秦度量衡之制，汉多承秦之法，故汉有斗石合名者，然后世仍名曰斛（管子有"高田十石，间田五石，庸田三石"之文，然系计谷之重，今尚为然，此所谓石，不能即谓为斗石之石也）。实际用石之名，始于宋，自宋以后，以十斗为一石，五斗为一斛，参见下第八章第六节。

第三二表 容量命名历史的表解

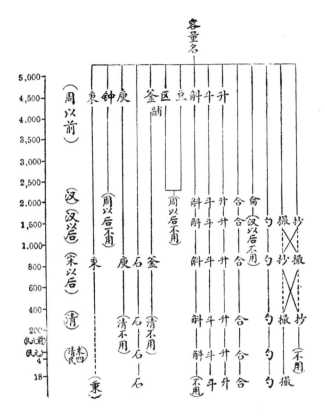

　　清末重定度量权衡制度，量制命名为石、斛、斗、升、合、勺六位（勺以下之名，算术中仍听其沿用），此石为十斗，斛为五斗，民四《权度法》仍之。民十八《度量衡法》废斛之名，民四乙制，勺位以下，已列撮位，石位以上，更增列秉位，均十进，现标准制同，以完全原制之命名及进位。

考量制之小数专有命名，多至十余位，均不与度衡籍用小数之名混用。《同度记》曰："《考工记》鬴，于汉粟法，少二升二合七勺一抄六撮空圭四粟九颗三粒八黍。"考《晋书·律历志》云："郑玄以为鬴方尺，积千寸，比九章粟米法，少二升八十一分升之二十二。"则其少数，为

$$2\frac{22}{81} = 2.271604938 \text{ 升}$$

与《同度记》比较，其数及位相符。《同度记》又曰："取《考工记》鬴，入于汉粟米法之鬴，取所少之数分之，得三合五勺四抄九撮三圭八粟二颗七粒一黍五稷六禾空穄一粭六，为一斗所少之数。"考《考工记》鬴容六斗四升，则一斗所少之数，为

$$\frac{2.271604938}{6.4} = 0.35493827156 \text{ 升余数 16 即} \frac{16}{64}$$

与《同度记》比较，其数及位亦合（一鬴所少升以下之小数，原系循环，《同度记》不用之，故算时未列入）。惟推至禾位以下，一六系余数，则穄粭非可视为禾位下之小数。然《同度记》再推一石所少之数，其第十一位为六稷，其下仍云空禾一穄六粭，则穄粭仍视为十退之小数位命名。又清末重定度量权衡制度之量法表，亦谓"勺以下尚有撮（十抄）、抄（十圭）、圭（六粟）、粟、颗、粒、黍、稷、禾、穄、粭、糒"之名，与《同度记》同，而又多一糒位。据此则量制之命名可列如下表：

第三三表　容量命名详表

石 （十斗）	斗 （十升）	升 （十合）	合 （十勺）	勺 （十抄）	抄 （十撮）	撮 （十圭）
圭 （十粟）	粟 （十颗）	颗 （十粒）	粒 （十黍）	黍 （十稷）	稷 （十禾）	禾 （十糠）
糠 （十粃）	粃	粞				

　　其进位法，除圭位或十粟或六粟外，完全系十进，撮抄二位或颠倒，或否，粟以下命名尚有八位。

第六节　重量之命名

　　权衡之名中，铢、两、斤、钧、石，发生最早。《夏书·五子之歌》有"关石和钧"，《礼记·月令》有"正钧石"，而《考工记》之鬴重一"钧"，是均为钧石名称之可考者。权法之名及进位，亦颇复杂。

　　（一）《孔丛子》："二十四铢为两，两有半曰捷，倍捷曰举，倍举曰锊，锊谓之锾，二锾四两谓之觔，觔十谓之衡，衡有半谓之秤，秤二谓之钧，钧四谓之石，石四谓之鼓。"注：觔为斤之异名，古有之，今俗仍之。

　　（二）《淮南子》："十二粟而当一分，十二分而当一铢，十二铢而当半两；衡有左右，因倍之，故二十四铢为一两；天有四时，以成一岁，因而四之，四四十六，故十六两而为一斤；三月而为一时，三十日为一月，故三十斤为一钧；四时而为一岁，故四钧为一石。"

（三）《说苑》："二十四铢重一两，十六两为一斤，三十斤为一钧，四钧重一石。"

（四）《说文》："十黍为絫，十絫为铢，八铢为锱，二十四铢为两。"注：絫即古累字。

以上名称中，锱及锾之进位，有种种异说。《说文》谓八铢为锱，《淮南子·诠言训》谓六两为锱，《荀子·富国》谓八两曰锱。依《孔丛子》计锾为六两，而古《尚书》谓百锾当三斤，则锾为十一铢百分之五十二。郑玄等谓北方以二十两为三锊（即锾），则锾为六两十六铢。吴大澂依《说文》解锊谓锾，为十铢二十五分之十三。又古亦以锤为权衡之名，其进位，《说文》谓八铢，《淮南子·诠言训》谓六两为锱，倍锱为锤，是锤为十二两，《通俗文》又谓铢六则锤。又吴大澂谓古权名之鈏为二锾。然锱、锾、锤、鈏、锱诸衡名，早已不见于用，观其进位各说之不同可知，不过最古虚有其名，实无其位，今约举其说，以见一斑。

以上各种衡名虽复杂，然可归纳为二点说明之。第一，命权衡为制之起源虽不同，而至铢、两、斤、钧、石之命名则同。第二，命位亦不外二进五进二法，而铢、两、斤、钧、石之进位亦均同。铢、两、斤、钧、石即《汉志》所谓之五权，因《汉志》著五权之法，而五权之进位不乱，五权以外之权名进位，未有定法矣。

第三四表　中国上古重量命名表

黍 （或名粟）	絫 （或名圭、分）	铢	两 （二十四铢）	捷 （一两半）	举 （二捷）
锾（亦名锊， 二举）		斤（亦名觔，二锾四两 即十六两）		衡（十斤）	
秤 （一衡半即十五斤）		钧 （二秤即三十斤）	石 （四钧）	鼓 （四石）	引① （二百斤）

五权之制，汉以后迄于唐，历代相承以为法。但铢以下之絫黍二名实际仍用之。

第三五表　汉至唐重量命名表

铢	两 （二十四铢）	斤 （十六两）	钧 （三十斤）	石 （四钧）

《淮南子》以十二分为一铢。梁陶弘景《别录》云："分剂之名，古与今异，古无分之名，今则以十黍为一铢，六铢为一分，四分成一两。"唐苏恭注曰："六铢为一分，即二钱半也。"于此可见钱字在唐时已用为重量之名。考"钱"古称为泉，本为币制之名，古时只有铢钱，以若干铢之重为名。唐铸开元钱，不名为铢，而曰"一钱重二铢四絫，积十钱重一两"，是以十钱为一两，以钱

---

① 引为重量之名,可在各古算术书中见之。

为重量之名，实自唐为始。故唐苏恭注分之重不误，而分之进位犹尚未确定。盖分、厘、毫、丝、忽，本用为度名（分厘毫丝忽，实为小数之名，而最先借用者为度制，故后人每视为度名），《淮南子》、陶弘景所谓之分，与此义异。《宋史·律历志》取乐尺积黍之法，命名于权衡中，于是重量名称中，始有分、厘、毫、丝、忽五名（详见下第八章第五节）。分者，十分钱之数，以下俱以十退，而铢、絫、黍之名始废。

第三六表　宋以后重量小数命名表

两 （十钱）	钱 （十分）	分 （十厘）	厘 （十毫）	毫 （十丝）	丝 （十忽）	忽

又明李时珍注陶弘景《别录》云："蚕初吐丝曰忽，十忽曰丝，十丝曰厘，四厘曰絫，十厘曰分，四絫曰字，二分半也，十絫曰铢，四分也，四字曰钱，十分也，六铢曰一份，二钱半也，四份曰两，二十四铢也。"是李氏之说，两、铢、絫、钱、分、厘之进位虽同，又释六铢曰份，不与分乱，然厘之下少一毫位，又其余命名，均系四进，历来未有用之。今列一表于下，以备参考。

第三七表　李时珍衡名进位关系表

注：——→ 表示直接关系，……→ 表示间接关系。

清初衡法，两以下亦曰钱、分、厘、毫、丝、忽，俱以十递折，忽以下并与度法之借用小数名位同。

清末重定度量权衡制度，小数位止于毫，斤以上不名，民四《权度法》仍之，而于乙制，则至于丝，斤以上亦有衡石镦三位，俱十进，以合西制完全之进位（石为配合西制位数，不是拘于一百二十斤之进位）。民四以后，已有提议，重量"分""厘""毫"，在科学工程上复单位得加偏旁为"份""俚""粍"。

民十八《度量衡法》小数则止于丝，斤以上加一担位。而于标准制与民四乙制同，惟不用石字，而名为担。考"担"谓肩之负载，一人所负之重曰担，俗以一人负重约百斤，故通俗以衡百斤曰一担，而量一石亦曰一担，均自清初已有，今确立为衡百斤进位之名。又"镦"之义，古谓为矛戟柄之端平底者曰镦，今众举以筑地之重物曰镦，《说文通训定声》有"秦始皇造铁镦，重不可胜"，镦言极重，故解曰千斤椎，今以之命为公斤千进位之名。

第三八表 重量命名历史的表解

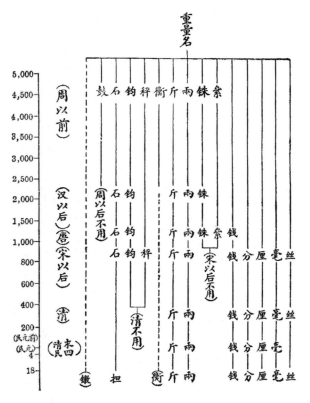

第五章　第一时期中国度量衡

第一节　中国上古度量衡制度总考

中国度量衡制度，一本黄钟律，早自黄帝命泠纶造律之时，下及三代，一本其制，及其为器，或增损其量，以合实用，至黄钟律之标准则不变，详见前第二章之考证。然上古之世，可考者仅尺度之制，除《周礼·考工记》之鬴，可以证周代之量制，另节说明外，其余量衡实制，已不可考，则不便妄加论断。

《律吕精义》曰："黄帝时雒出书（见沈约《符瑞志》，犹禹时雒书），雒书数九，自乘得八十一，是为阳数（一、三、五、七、九，奇数为阳，九乃阳数之成也）。《管子》曰：'凡将起五音，凡首，先主一而三之，四开以合九九，以是生黄钟小素之首'，盖谓算术先置一寸为实，三之为三寸，又四之为十二寸，开以合九九者，八十一分开方，得九分，九分自乘，得八十一分，为黄钟之长，盖黄帝之尺，以黄钟之长为八十一分者，法雒书阳数也。虞夏之尺，以黄钟之长为十寸者，法河图中数也（二、四、六、八、十，偶数为阴，十乃阴数之成也）。黄钟之律长九寸，纵黍为分之九寸，寸皆九分，凡八十一分，雒书之奇自相乘之数，是谓律本。黄钟之度长十寸，横黍为分之十寸，寸皆十分，凡百分，河图之偶自相乘之数，是为度母。纵黍之律，横黍之度，名数虽异，分剂实用。"是黄帝造黄钟律分为八十一分，以合阳数九自乘之数，本非为度。然度出于律，故后世以黄帝之尺为九寸，凡八十一分。虞夏定度制，本于黄钟律长，分为百分，以合成数十自乘之数，至是为以律定度之始。总之，为律乃以九为整分，为度则以十为整分。故黄帝之律为律本，合于九；虞夏之度为度母，合于十。而度母一本律本为标准，根本正同。殷周二代之度，仍以律本为标准，而增损以定其尺之长度。故殷尺之长，为黄钟律本四分之五，周尺之长，为黄钟律本五分之四；而其为尺度，则均仍以十为整分也。

夏商周三代尺度一本相承，故其间有一定比例之关系。据历来籍载，均称："夏以十寸为尺，商以十二寸为尺，周以八寸为尺"，惟推演之说有二异。一，以三代之尺比数，犹之十寸十二寸八寸之比，为此说者，即以三代相递，法度相承。夏之尺，本为十寸，商以其短，加夏尺之二寸为尺；周以其长，减二寸为尺。而为尺度，则仍以十整分，此历来儒家通论。二，以三代之尺，由黄钟定其长短，夏以黄钟之长为十寸，即以为尺，故曰十寸为尺；商以黄钟之长为八寸，外加二寸以为尺，故曰十二寸为尺；周以黄钟之长为十寸，而减去二寸以为尺，故曰八寸为尺，此即

《律吕精义》之论。二说所不同者，仅商代尺之比数，然各有根据，未可偏废。

汉蔡邕曰："夏十寸为尺，殷九寸为尺，周八寸为尺。"蔡氏之说，与前所异者，亦为商尺之比数不同，历来论为蔡氏之独断，然蔡氏去上古之世不远，其说亦系以商周承夏法度之意，与第一说理由正同，或亦有其根据。

或者曰"夏以十寸为尺，商以十二寸为尺，周以八寸为尺"者，尺不同，寸分均同。何者？夏之尺有十寸，商之尺有十二寸，周之尺有八寸，其全长命之为尺，其寸及分之分度大小则无异。《三才图会·尺图考》有云："十寸之尺，为一百分；八寸之尺，为八十分。"或者又曰："英以十二时为呎，殆为我国古代商殷尺制，流传于西域者。"是均为此说之旁证。然考古者八寸曰咫，不名为尺，所谓咫者，尺之八寸，所谓八寸尺者，此尺为他尺之八寸。《淮南子》曰："律以当辰，音以当日，日之数十，故十寸而为尺。"又古者言尺，识也。是尺之所以名为尺者，十寸，即为度以十整分，应为通例；八寸或十二寸，则变例也。（按最近欧美数理与科学家，及权度学者，拟改十进之数为十二进位或八进位，以代替十进位，认为更合于文明之需要，而度量衡亦然，姑备一说，以供研究。）

据以上引说夏商周三代尺度之比数，列表如次：

第三九表　三代尺度变迁考异表解

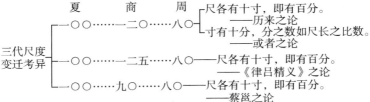

在上古之世，所传尺度之标准，足为后世法者，为木工之尺，木工尺之度，最初为夏制，后至鲁班改以商制，因"商以十二寸为尺"有二说，则木工尺变迁后之度，亦有二异。

第四〇表　木工尺度变迁考异表解

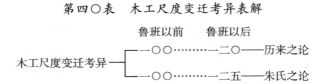

韩苑洛所谓"尺二之轨"，即为历来儒者之论。然考木工尺度，自鲁班一变之后，相沿无改，已为历来论者所共认，今俗间用鲁班尺最标准者，均约合九市寸三四分之数，以朱氏之论则合，以历来通论则稍短（以一二〇之比数计之，应合二九·八六公分，即合〇·八九五八市尺）。于此又可证商尺之比数，以朱氏之论为是。

第二节　五帝时代之度量衡设施

五帝之世，黄帝始制度量衡，设置五量之器，以利民用；少昊氏设正度量之官，以平民争；虞舜更每岁巡狩，以同度量衡，以立民信；此五帝世度量衡设施之总纲。

《家语·五帝德篇》曰："黄帝……治五气，设五量。"注，五量，谓权衡、斗斛、尺丈、里步、十百，是即衡、量、度、亩数为五量。设置五量之器，所以利民之用。

《世本》："少昊氏同度量，调律品。"《通鉴》曰："少昊之立也，凤鸟适至，因以鸟纪官。……五雉为五工正，利器用，正度量，夷民者也。"注，夷，平也。《正义》曰："雉声近夷，雉训夷，夷为平，故以雉名工正之官，使其利便民之器用。正丈尺之度，斗斛之量，所以平均下民也。"樊光、服虔云："雉者，夷也，夷，平也，使度量器用平也。"籍只称度量，盖言度量用器，实已尽括五量在内，非单指丈尺斗斛。是故至少昊氏之世，必有因度量之事而争执者，设官以正之，官名工正，是为正制造度量用器之工，即今检定之制，所以正器之量，平民之争。

《虞书·舜典》曰："岁二月，东巡守，至于岱宗，柴。望秩于山川，肆觐东后。协时月正日，同律度量衡。"丘濬《大学衍义补》曰："用之于郊庙朝廷之上，而又颁之于下，使天下之人用之，以为造作出纳交易之则。其作于上也，有常制，其颁于下也，有定法。苟下之所用者，与上之所颁者不同，则下亏于民，上损于官，操执者有增损之弊，交易者有欺诈之害，监守出纳者有侵尅赔补之患，其所关系，盖亦不小也。是虽唐虞之世，民淳俗厚，帝王为治，尚不之遗，每正岁申明旧制，重以巡查。"是至虞舜之世，不特于制造器具之时，正其器量，并且每岁定期巡查，以同之，量即今检查之制，所以齐远近，立民之信。

度量衡用以邀信齐物，国家设以制，则民不欺，资之官，而后天下同，更兼以巡查，所以齐远近立民信也。考一制之兴，一法之立，必先定以制度，次正其器用，更时而校验。今推行划一度量衡之法，亦依此三步骤，即先考定制度，次检定器具，更每年定期检查，而后法严制密。
中国在上古五帝之世，法制初兴，而其所以为同度量衡之
法，亦为至矣。

第三节　三代度量衡之设施及废弛

三代法度，一遵古制，其间无甚递禅。《日知录》云：
"古帝王之于权量，其于天下，则五岁巡狩而一正之……其
于国中，则每岁而再正之。"此即言上古时代，帝王之治，
所以为度量衡法制大概。所谓五岁一正者，指诸侯国之标
准器，五年一校正之；所谓每岁再正者，指诸侯国中普通
用器，每年校正二次也。

三代之世，为度量衡之设施，较五帝之世更可考者，
为标准原器之保存，及标准器之颁发于诸侯之国。盖定之
以制，尚须齐之以器，器而有标准，而后所谓检定检查，
始有所依准。

夏之度量衡原器，存于王府，《夏书·五子之歌》曰：
"明明我祖，万邦之君，有典有则，贻厥子孙，关石和钧，
王府则有。"注曰："关、通，和、平也，关通以见彼此通
同无折阅之意，和平以见人情两平无乖争之意。禹以明德
君临天下，典则法度，所以贻后世子孙者。其以钧石之设，
所以一天下之轻重，而立民信者。"钧石皆权之名，其不言
度量者，度量之原器在其内也。且"法度之制，始于权，
权与物钧而生衡，衡运生规，规圜生矩，矩方生绳，绳直

生准，是权衡者，又法度之所自出，故以钧石言之"。有原器则检定检查乃有准，夏代关于检查之施行，可见于《越绝书》，言："大禹循守会稽，乃审铨衡，平斗斛"，铨即谓权。是夏禹施行检查之制，即承虞舜之法也。

殷之世，史之记载阙，大略乃法夏禹之旧制，后人之论，每曰殷因于夏，如《论语》谓"殷因于夏礼"，度量衡之制，每寓于礼乐之中，故殷代度量衡之法，大约亦因袭夏制也。

周之世，同度量衡之举，法益密，行益严。《礼记·明堂位》："六年（成王六年，民元前三〇二一年），朝诸侯于明堂，制礼作乐，颁度量，而天下大服。"《礼记》只言度量，实即度量衡均在内。此所颁度量衡，当系指颁发诸侯国之标准器者。至于民用之器，则立法度，以示民信，《大传》曰"圣人南面而听天下……立权度量"是也。

周制朝廷掌理度量衡事务之官有三，《周礼》：内宰，凡建国，佐后，立市，陈其货贿，出其度量；大行人，王之所以抚邦国诸侯者，十有一岁同度量，同数器；合方氏，掌达天下之道路，同其数器，壹其度量。内宰掌治王内之政令，为宫中官之长，故发出度量衡标准器，其官职在内宰；大行人掌治安抚邦国诸侯之事务，故校正诸侯国标准器，其官职在大行人；合方氏掌治天下道路民间之事务，故同一普通用器，其官职在合方氏。而大行人所掌理者，即公用度量衡之类；合方氏所掌理者，即民用度量衡之类。是三官均在中央，属朝廷之官。而实际办理地方度量衡事务之官为司市，司市为市官之长。故曰："出之以内宰，掌之以司市，一之以合方氏，同之以行人。"执行之官为质人，质，平也，疏："会聚买卖，质人主为平定之，则有常估。"故质人"巡而考之，犯禁者举而罚之，市中成贾，必以量度"。而"守护市门之胥（《周礼》：庶人在官者），亦执鞭度以巡于所治之前"。是周代同一度量衡之制，颇合于现在全国检定机关之执行检定及随时检查之制。而大行人合方氏者，其权与现制全国度量衡局相当；司市亦即各省市县办理地方度量衡者，质人者即今日之检定员。

度量衡标准器颁发后，十有一年一校正之，即如现制每届十年检定各省市副原器，每届五年检定各县市标准器之制。至于普通民用之器，则每年定期检查二次。《礼记·月令》："仲春之月，日夜分，则同度量，钧衡石，角斗甬，正权槩；仲秋之月，日夜分，则同度量，平权衡，正钧石，角斗甬。"由是可知周代定期检查，每年在春分及秋分之时，举行二次，此所谓每年检查二次，乃校正度量衡之器量。至前言市中巡考者，乃监视为伪作弊者，是为随时检查之属，非必在正其器量也。

三代之世，注重于度量衡法度之密，执行之严，可谓至矣。所谓"诸侯之国，道路之间，莫不有焉。天子时巡之岁，则自同一侯国之制；非时巡之岁，则设官以一市井道路之制。是其一器之设，一物之用，莫不合于王度，而无有异同，此天下所以一统也"。

顾日久则懈，政事失修，朝廷政令每不及诸侯之邦，为官者亦不如前执行之严。既失之检查，则玩忽以生，日更月替，此度量衡紊乱所以由生。《左传》晏子曰："齐旧四量，豆、区、釜、钟……陈氏三量（指豆区釜），皆登一焉，钟乃大矣。以家量贷，而以公量收之……其爱之如父母，而归之如流水，欲无获民，将焉辟之？"登一者，谓加旧量之一。陈氏之所以窃民誉，盖亦缘当时国政废弛，而敢公然增益旧量也。孔子述武王之治曰："谨权量，四方之政行焉。"当时度量衡之紊乱，至此已极，非复初周一统之制，而有划一之切要矣。《庄子·胠箧篇》曰："掊斗折衡，而民不争。"于此亦可证当时度量衡实在紊乱，不统一不足以息民争，故庄周激而发斯言。三代统一之制，至此紊乱不可收拾，深为可叹。

第四节　上古度量衡器之制作

黄帝命伶纶取竹造律，以定黄钟，由是生度量衡，是黄钟律之制造，无异为度量衡之原器。此古黄钟律计长为一尺，即八十一分，计积为汉尺八百一十立方分，律长为汉尺九十分，

$$90^3 : 81^3 = 810 : x$$

$$\therefore x = 9^5 \times 10^{-2} = 590.49$$

是黄帝造黄钟律原器之制，表之如下：

第四一表　古黄钟律管原器表解

古黄钟律原器 $\begin{cases} \text{长度——一尺……九寸……八一分——二四·八八公分} \\ \text{容积——五九〇·四九立方分——一七·一二立方公分} \end{cases}$

依此度数，可作一古黄钟原器内容之图形，如第七图。

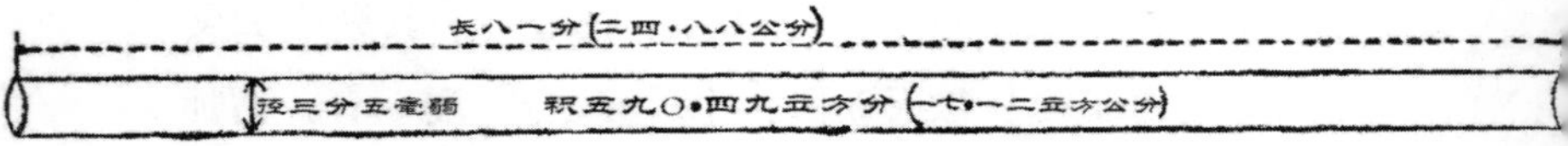

第七图　古黄钟律管内容形式图

夏禹钧石二衡原器，存之王府，但实制不可考。

三代度量衡器之制作，可考者惟《周礼·考工记》之量制，盖因古器之制，多失于传，而《周礼》特注明量制者，是又因中国以农立国，度量大宗农产物，均须以量器计之，而古者民之纳税，上之制禄，亦以量之数计之。为量必有标准，故存之以制，实之以器，而后量有所准，交易税禄，始不为量困也。

《周礼·考工记》曰："㮚氏为量，改煎金锡则不耗；不耗，然后权之；权之，然后准之；准之，然后量之；量之，以为鬴，深尺，内方尺而圜其外，其实一鬴；其臀一寸，其实一豆；其耳三寸，其实一升；重一钧，其声中黄钟之宫，㮚而不税。其铭曰：'时文思索，尤臻其极，嘉量既成，以观四国，永启厥后，兹器维则。'"㮚即栗字。王昭禹曰："栗之为果，有坚栗难渝之意，先王之为量，使四方观之以为则，万世守之以为法，以立天下之信，而无敢渝焉，所以名官，谓之㮚氏。"郑锷曰："量，所以量多寡，摩于物者，其敝必易，故必改煎金锡以为之，使之缜密而坚实，然后磨而不磷，坚而不耗……煎而又煎，则消融者去而尽矣，其所留者，皆其精而不复减耗者矣。"按此即今提炼金属之法。其对于铸金之色，下文曰："凡铸金之状，金与锡黑浊之气竭，黄白次之；黄白之气竭，青白次之；青白之气竭，青气次之；然后可铸也。"故当时对于铸造䤅量提炼金属之法，观其火色，有如此之严。既经精炼之后，复权其炼金比重之轻重，准其炼金成份之多少，然后量其需用之分量，以入模铸之。毛氏曰："将煎金锡，固当称之，而不能无消耗，既煎矣，又从而称之。"郑锷曰："准，是准其金锡，六分金，一分锡，准其多少也，准，平也，知其轻重，又欲平其多寡，量，乃量其多寡，以纳于模范之中。"如是始铸成器。其对于制工之精，为量之准，于此可见。再观其铭文之义，则此嘉量之铸，实为四方之则，万世之法者，是乃为周代之标准原器，惜此器不存，不能作实验之考证。

《周礼》嘉量原制，可从二点研究：一可知周代容量之制，二嘉量内容形式。

嘉量䤅，深尺，内方尺而圜其外，何以云"内方尺而圜其外"？盖其内本圆形，而在当时圆径、圆周、圆面积计算之率，尚未有精确推算之法，故以方起度，而推算之。所谓"内方尺"者，非谓其内为方形，实则先定每边一尺正方之形（"方尺"，即一尺见方，参见上第四章第三节说明），然后由此正方形，再画一个外接圆，此外接圆方为嘉量内容之形式，如第八图：

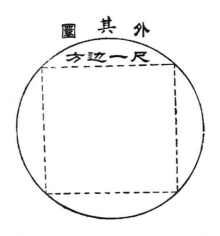

第八图　《周礼》嘉量鬴方尺而圜其外图

由此图可求圆面积。嘉量鬴深一尺，则嘉量鬴之容积，亦可求之。

方边 = 1 尺

圆径 = $\sqrt{1^2+1^2}$ = $\sqrt{2}$ = 1.4142136 尺

圆面积 = (7.071068)^2×π = 157.08 方寸

嘉量鬴之容积 = 157.08×10 = 1570.8 立方寸

　　　　　　 = 1570.8×(1.991)^3 = 12397.5159 立方公分

　　　　　　 = 1.23975159 市斗

是为嘉量鬴之制，合一五七〇・八立方寸，实合市用制一斗二升三合九勺八撮弱。

《周礼》嘉量，除鬴量外，尚有豆升二量，均只言其深，不言圆面之制。豆为鬴十六分之一，升为鬴六十四分之一，鬴为嘉量之主，故详言其制，豆升二量，系附制，鬴量之制存，豆升之量，不言可喻。惟依嘉量全形而言，鬴为主，故居上，为嘉量之正身；豆在鬴之臀，为嘉量之足，但豆深一寸，为鬴深十分之一，豆量为鬴量十六分之一，故豆之宽，较鬴为小；升在鬴之旁，为嘉量之耳，其数有二，升深三寸，其宽更小，故只为耳。嘉量全形，以内容图之，当如第九图。

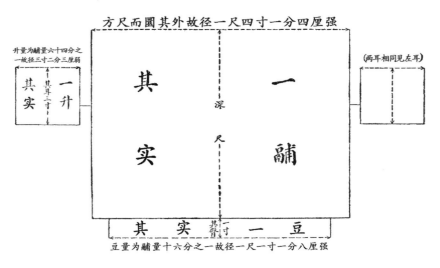

第九图　《周礼》嘉量内容形式图

第五节　第一时期度量衡之推证

周代以前，史籍渺茫，其于度量衡亦然，说者类多揣摩之词，即不可妄加考证，而籍载亦不多。周代度量衡之说，有须考证者如次。

一 周尺长度之推证

考经传中每有"布手知尺，一尺二寸为武，六尺为步，人长一丈，马高八尺"等类此之记载，此皆指周代之尺度而言。今考定周尺之长度合一九·九一公分，分计其长度如下。

（一）一手之长，约为一九·九一公分，即约为六市寸长。考古人平均较今人为高大，今人平均一手之长，约为五市寸，此周尺长度之证一（此指男人之手，妇人之手长八寸曰咫，即约为男人手长十分之八）。

（二）古人谓丈者，丈夫，男人之长约一丈，故曰丈夫。今以考定周尺之长计之，人长一丈约为一九九·一公分，即约为六市尺，今人之长每曰五尺，古人长于今人，此周尺长度之证二。

（三）一尺二寸为武，此古人一步武之长，约为二三·八九公分，即约为七市寸。足长于手约一寸，古今同然，此周尺长度之证三。

（四）一举足曰跬，再举足步，一步六尺，乃人行二跨之长度，一跨半步之长，为三尺，约为五九·七三公分，即约为一市尺八寸。考习惯以人行约一千步为一里，实际并无大误，而习俗之旧里度，约大于市里，一千步指一跨之步，则今人一跨半步之长，约为一市尺五寸上下，古人长于今人，跨步亦大，此周尺长度之证四。

周尺长度以此类动物身体之度验之，亦为一至善之法。今略举以人体为法四证如上，则周代人体之度与今人比，均约为六比五。其余如八尺曰寻，马高八尺等类之语，亦可同法推证之，兹不再举。

二　璧羡度尺之正度

《周礼》典瑞："璧羡以起度。"玉人："璧羡度尺，好三寸以为度。"好三寸，两肉各三寸，共九寸，是为璧，羡而益一寸，共十寸，是为正度，即周代尺度之制。此璧亦可视为周代度制原器。惟历来论者均将"璧羡起度"解为"八寸为尺，十寸亦为尺"。兹择一二者之言，以为代表之论。《律吕新书》曰："此璧本圆径九寸，好三寸，肉六寸，而裁其两旁各半寸，以益上下也。其好三寸，所以为璧也；裁其两旁，以益上下，所以为羡也；羡十寸，广八寸，所以为度尺也。"李嘉会曰："注以羡者，不员之貌，本径九寸，傍减一寸，以益上下，故高一寸，横径八寸，璧员九寸，好三寸，肉倍之，羡而长之，而十寸而旁减为八寸，十寸，尺也，八寸，亦尺也。"观此论，所谓十寸之尺，即璧羡度尺之正度，至谓八寸为尺者，盖因璧本圆径九寸，羡而为椭圆，长径十寸为尺。短径八寸亦为尺。但璧本圆，是否又为之羡而成椭圆，此一疑问。考"八寸为尺"一语之来源，盖以三代尺度之比，"周以八寸为尺"，然周以"八寸为尺"，指周以夏尺之八寸为一尺，即周尺之长为夏尺之八寸。若以周"八寸为尺，十寸为尺"，则既非所以为"璧羡起度"之本意，且即以所谓羡者，指将璧羡为椭圆，而好仍为正圆，《周礼》言"璧羡度尺，好三寸，以为度"，是"好"以璧羡度尺十寸为尺之度，度之为三寸。前人之论，又以八寸之尺为周尺，周不废夏制，故周又以十寸为尺。若是则"好三寸"，反以夏尺十寸之寸为度，非周尺八寸之寸为度。然则周制璧羡度尺，以夏尺度好为三寸，由是以起度，非为周尺起度之正意。又，至谓"八寸之尺"，一尺分为八寸，此尺一寸之长，与十寸为尺之一寸相等，则更非是，已言于前。总之，周璧羡度尺以璧径为九寸，加一寸为尺，非八寸亦为尺也。

三　嘉量鬴之正制

先儒考《周礼》嘉量鬴，约有二说。第一说，以"内方尺"为断语，其言曰："鬴深尺，内方尺，积千寸，内方而外圆，圜其外者，为之唇。"此说之误，误在断"圜其外"为指外形圆，而内形方。郑玄王昭禹等氏之说如此，后人已论其非。考鬴内形圆，其所以言"方尺而圜其外"者，实以当时圆周率不定，求圆面积法亦不定，恐后人易滋误会，故以一尺见方起度，而后于方形外接一圆，方形之度既定，外接圆亦定。"方尺而圜其外"一语之上，尚有一"内"字，即指其内为"方尺而圜其外"之形式。今计之，径当为一尺四寸一分四厘强。再观新莽嘉量，亦云"内方尺而圜其外"，今以新莽嘉量原器考之，内形圆，而起度实由正方一尺之形，外接以圆者，见下第六章第六节。第二说，以《周礼》嘉量鬴，与《汉志》嘉量斛为同法，其言曰："汉斛容十斗，计一千六百二十寸，盖'方尺圜其外庣其旁'故幂百六十二寸，深尺，积一千六百二十寸。

周鬴容六斗四升，计一千零三十六寸八分。今考周家八寸
十寸皆为尺，方尺者，八寸之尺，深尺者，十寸之尺，'方
八寸圜其外庣其旁'，则幂一百零三寸六分八厘，深十寸，
则积一千零三十六寸八分。是周鬴与汉斛同法。"此说之误
有二：其一，误以周代八寸十寸皆为尺；其二，因误以周
八寸为尺，而误以周鬴与汉斛同法。范景仁蔡元定等氏之
说如此。考周鬴之制，未言庣，系以"整方一尺圜其外"
为度，汉斛之制，以整方一尺之外，尚须加"庣"若干以
为度，此二者根本不同。其误以二者同法，关键在周鬴容
六斗四升，汉斛容十斗；汉制方尺，十寸为尺，若以周八
寸为尺，平方之为六十四，恰符二者容斗数之比，因是以
致误谓二者同法。考周汉容量之制，根本不同。何从来而
谓"方尺者八寸之尺，深尺者十寸之尺"，同一之制，同一
之器，本同谓一尺，如何而为之分为二种度数？即假以是
为二种尺度，而《周礼》言嘉量之制作，如是慎重，何独
于根本尺度之分，则不言耶？其因周鬴汉斛容斗数之比，
合于八寸与十寸各自平方之比，即谓二者同法，误之实至
甚。范蔡等氏之谓周鬴容积为一千零三十六立方寸又十分
之八，即由汉斛容积一千六百二十立方寸，百分之六十四
计得者也。其外对于周嘉量之耳量，尚有一错误之说，即
误谓"《周礼》嘉量'其实一升'，言其左耳，至于右耳，
其实一合"。此说之误，亦误以周鬴与汉斛同法。《周礼》
并未明言"右耳为合"，考周之量制起于升，合之用于量
名，周时犹未著。且汉斛右耳之量有二，上为合，下为龠，

既以二者同法，又为何谓周鬴之右耳只言合？此实属矛盾。又周鬴之臀为一豆，豆为鬴十六分之一，其深一寸，其面径则小于鬴；汉制上斛下斗，面径相同，此又二者不同之证。再近人以《周礼》或出于汉刘歆之伪作，此说尚待证。今即假设此说为实，而周鬴有豆量，汉斛有斗量，二者进位不同。豆量之名，汉已不用，则刘氏之伪作，或本于周制，且并未以周汉嘉量同法。故认周鬴与汉斛同法者，根本实有不当。

四　荀勖造尺之考证

《晋书·律历志》："武帝泰始九年，中书监荀勖校太乐，八音不和，始知后汉至魏，尺长于古四分有余。勖乃部著作郎刘恭依《周礼》制尺，所谓古尺也。"《隋书·律历志》将周尺与晋荀勖尺并列为第一等尺，即《晋书》所云"荀勖造尺自称为周尺"。考荀勖所谓后汉至魏，尺长于古四分有余，实系由于魏杜夔尺长于新莽尺四分有余。后汉至魏尺者，魏杜夔尺，古尺者，新莽尺。故《隋志》又称第五等尺曰"魏尺，杜夔所用调律，即荀勖所云'杜夔尺长于今尺（今尺即谓晋荀勖尺，因荀勖尺等于新莽尺，故谓长于今尺云云）四分半'是也"。再考新莽一代制作大兴，故其传于后者极夥。而王莽好古，废汉制，依《周礼》，而所谓依《周礼》者，又非《周礼》之正制，既变汉制，亦非周制。后人之误，即在于此。故荀勖造尺，依《周礼》，而其所用校验之器，即新莽之制作。荀勖自铭其器曰：“中书考古器，撰校今尺长四分半，所校古法有七品：……五曰铜斛，六曰古钱。……”铜斛者，新莽嘉量，古钱者，新莽货泉，故荀勖依《周礼》制尺，所谓周尺，既为荀勖所造，而其所撰校者，又为新莽制作之物。新莽之制作，本非确合《周礼》之制，是荀勖古周尺，实非周尺，亦非周制，极为明显，参见下第七章第八节之二。《晋志》又谓：“汲郡盗发六国时魏襄王（民元前二二四五年—民元前二二三〇年）冢，得古周时玉律及钟磬，与新律（荀勖依其尺所造之律）声韵体暗同。”考周初尺度，春秋以后，早已失其制，孔子发“谨权量”之语，即为明证。朱载堉曰：“魏自文侯（民元前二三三五年—民元前二二九七年）已耽郑卫，而厌古乐，降至襄王，其时世又可知。”魏襄王当战国之中世，其时之制，为晚周紊乱遗物，必无可疑。此种尺度或为晚周之度，如认为周初原制则不可。《晋书》下又谓：“于时郡国或得汉时故钟，吹律命之皆应。”故荀勖尺合晚周以后之制也。

五　吴大澂实验周尺之考证

吴氏实验周尺之度有三：一曰周镇圭尺，二曰周黄钟律琯尺，三曰周剑尺。其一，镇圭尺，即璧羡度尺，因吴氏以周镇圭为实验之主，故以为名，此已见前，不再论。其二，黄钟律琯尺，吴氏得古玉律琯，以为是周制，其根本之误，已见前第二章第四节，而吴氏以古黄钟律龠容黍一千二百粒，古之律辰，均以十二纪数，因以十二寸为度，取其十寸为尺。考累黍容黍之法，《汉志》言其说，汉以前未闻之。千二百黍，乃汉时容黍巧合之数，以是作为周尺十二寸，此又吴氏之误。是吴氏所得之玉管，上无铭题，不可即认为周代之物，以之定尺，非即周尺。其三，周剑尺，吴氏亦书作鏾尺，系以其所藏古剑茎身二长度，与《周礼·考工记》桃氏中制合，而命之为周鏾尺。其一尺之长，较周璧羡度尺九寸六分强，今此差数近四分，自不算小。即以其剑为周制，其所差之度，只可认为制造不精之所致，不可以周剑之度，定为周尺之另一长度。总之，璧羡度尺乃为周尺之正度，其余制作，命为其尺度校验之用可也。

六　洛阳周墓出土周尺之考证

民国二十一年洛阳金村周墓中，掘发铜尺一，为美人福开森购得（已赠与金陵大学保存），福氏撰《得周尺记》，文中云："当时考释者，有认为周灵王时，有认为周安王时，是则此尺之为春秋或战国时物，可无疑也。亟驰书购得，其形如西域所出之木简，一端有孔，可以系组，分寸刻于其侧，惟第一寸有分，其余九寸无之，当五寸之处，并刻交午线。余以马衡君所作刘歆铜斛尺（即新莽尺，晋前尺同）校之，全尺长短不差累黍，两端之寸亦相符合，惟中间八寸长短不齐，刻分之寸且作十一分，是其作尺之时，对于全尺长度及两端起首之寸，必依标准为之，其余则随意刻画者也。"观此，即以此尺为周灵王（民元前二四八二年—民元前二四五六年）时物，亦远在西周以后，周代文化，至春秋时已大进步，春秋时物，自非初周故制。又此尺亦与新莽尺度相合，正与《晋志》所谓"汲冢中古周钟律，与新律声韵暗同"之意相同。今此尺除首尾二寸度相符外，中间八寸之度，长短不齐，当初所颁度量标准器时，是否如此，亦属疑问。而寸，分为十一分，于历来分度之法，尚无考据。总之，东周以后之尺度，已非西周定制，而此尺与新莽尺度相近，或为偶然之事。

第六章　第二时期中国度量衡

第一节　《汉书·律历志》之言度量衡

中国度量衡制度完备著于书者，自汉始。《汉书·律历志》所载《审度》《嘉量》《权衡》三篇，虽只为汉朝一代度量衡之制，然其影响于后世者则极大。盖自汉以后历朝及多数学者，均认《汉志》之说度量衡，为中国度量衡完全之制度，其误虽大，而其为中国历代度量衡，最先备其制者，创规之功，实为不小。兹将《汉书·律历志》关于度量衡一段文，照录于下，以备参考。

《虞书》曰"乃同律度量衡"，所以齐远近，立民信也。自伏羲画八卦，由数起，至黄帝尧舜而大备，三代稽古，法度章焉。周衰官失，孔子陈后王之法曰："谨权量，审法度，修废官，举逸民，四方之政行矣。"汉兴，北平侯张苍首律历事，孝武帝时，乐官考正。至元始中，王莽秉政，欲耀名誉，征天下通知钟律者百余人，使羲和刘歆等典领条奏，言之最详，故删其伪辞，取正义，著于篇：一曰《备数》，二曰《和声》，三曰《审度》，四曰《嘉量》，五曰《权衡》。参五以变，错综其数，稽之于古今，效之于气物，和之于心耳，考之于经传，咸得其实，靡不协同。

度者，分、寸、尺、丈、引也，所以度长短也。本起黄钟之长，以子谷秬黍中者，一黍之广，度之九十分，黄钟之长。一为一分，十分为寸，十寸为尺，十尺为丈，十丈为引，而五度审矣。其法用铜，高一寸，广二寸，长一丈，而分、寸、尺、丈存焉。用竹为引，高一分，广六分，长十丈，其方法矩，高广之数，阴阳之象也。分者，自三微而成著，可分别也。寸者，忖也。尺者，蒦也。丈者，张也。引者，信也。夫度者，别于分，忖于寸，蒦尺，张于丈，信于引。引者，信天下也。职在内官，廷尉掌之。

量者，龠、合、斗、升、斛也，所以量多少也。本起黄钟之龠，用度数审其容，以子谷秬黍中者，千有二百实其龠，以井水准其概。合龠为合，十合为升，十升为斗，十斗为斛，而五量嘉矣。其法用铜，方尺而圜其外，旁有庣焉。其上为斛，其下为斗，左耳为升，右耳为合龠，其状似爵，以縻爵禄。上三下二，参天两地，圜而函方，左一右二，阴阳之象也。其圜象规，其重二钧，备气物之数，合万有一千五百二十（孟康曰："三十斤为钧，钧万一千五百二十铢"）。

声中黄钟，始于黄钟而反复焉，君制器之象也。龠者，黄钟律之实也，跃微动气而生物也。合者，合龠之量也。升者，登合之量也。斗者，聚升之量也。斛者，角斗平多少之量也。夫量者，跃于龠，合于合，登于升，聚于斗，角于斛也。职在太仓，大司农掌之。

衡权者，衡，平也；权，重也，衡所以任权而均物平轻重也。其道如底，以见准之正，绳之直，左旋见规，右折见矩。其在天也，佐助旋玑，斟酌建指，以齐七政，故曰玉衡。《论语》云："立则见其参于前也，在舆则见其倚于衡也"，又曰："齐之以礼"，此衡在前，居南方之义也。

权者，铢、两、斤、钧、石也，所以称物平施，知轻重也。本起黄钟之重，一龠容千二百黍，重十二铢，两之为两。二十四铢为两。十六两为斤。三十斤为钧。四钧为石。忖为十八，《易》十有八变之象也。五权之制，以义立之，以物钧之，其余小大之差，以轻重为宜。圆而环之，令之肉倍好者，周旋无端，终而复始，无穷已也。铢者，物繇忽微始，至于成著，可殊异也。两者，两黄钟律之重也。二十四铢而成两者，二十四气之象也。斤者，明也，三百八十四铢，《易》二篇之爻，阴阳变动之象也。十六两成斤者，四时乘四方之象也。钧者，均也，阳施其气，阴化其物，皆得其成就平均也。权与物均，重万一千五百二十铢，当万物之象也。四百八十两者，六旬行八节之象也。

三十斤成钧者，一月之象也。石者，大也，权之大者也。始于铢，两于两，明于斤，均于钧，终于石，物终石大也。四钧为石者，四时之象也。重百二十斤者，十二月之象也。终于十二辰而复于子，黄钟之象也。千九百二十两者，阴阳之数也。三百八十四爻，五行之象也。四万六千八十铢者，万一千五百二十物历四时之象也。而岁功成就，五权谨矣。

权与物钧而生衡，衡运生规，规圜生矩，矩方生绳，绳直生准，准正则平衡而钧权矣。是为五则。规者，所以规圜器械，令得其类也。矩者，矩方器械，令不失其形也。规矩相须，阴阳位序，圜方乃成。准者，所以揆平取正也。绳者，上下端直，经纬四通也。准绳连体，衡权合德，百工繇焉，以定法式，辅弼执玉，以翼天子。《诗》云："尹氏太师，秉国之钧，四方是维，天子是毗，俾民不迷。"咸有五象，其义一也。以阴阳言之，大阴者，北方。北，伏也，阳气伏于下，于时为冬。冬，终也，物终臧，乃可称。水润下。知者谋，谋者重，故为权也。大阳者，南方。南，任也，阳气任养物，于时为夏。夏，假也，物假大，乃宣平。火炎上。礼者齐，齐者平，故为衡也。少阴者，西方。西，迁也，阴气迁落物，于时为秋。秋，𪏮也，物𪏮敛，乃成孰。金从革，改更也。义者成，成者方，故为矩也。少阳者，东方。东，动也，阳气动物，于时为春。春，蠢也，物蠢生，乃动运。木曲直。仁者生，生者圜，故为规也。中央者，阴阳之内，四六之中，经纬通达，乃能端直，于时为四季。土稼啬蕃息。信者诚，诚者直，故为绳也。五则揆物，有轻重、圜方、平直、阴阳之义，四方、四时之体，五常、五行之象。厥法有品，各顺其方而应其行。职在大行，鸿胪掌之。

《书》曰："予欲闻六律、五声、八音、七始咏，以出内五言，女听。"予者，帝舜也。言以律吕和五声，施之八音，合之成乐。七者，天地四时人之始也。顺以歌咏五帝之言，听之则顺乎天地，序乎四时，应人伦，本阴阳，原情性，风之以德，感之以乐，莫不同乎一。唯圣人为能同天下之意，故帝舜欲闻之也。今广延群儒，博谋讲道，修明旧典，同律，审度，嘉量，平衡，钧权，正准，直绳，立于五则，备数和声，以利兆民，贞天下于一，同海内之归。凡律度量衡用铜者，各自名也，所以同天下，齐风俗也。铜为物之至精，不为燥湿寒暑变其节，不为风雨暴露改其形，介然有常，有似于士君子之行，是以用铜也。用竹为引者，事之宜也。

观《汉志》之记度量衡，可纳之为四点研究之：其一，言度量衡之标准；其二，言度量衡之命名及命位；其三，言度量衡之原器；其四，言度量衡之行政。

第二节　秦汉度量衡制度总考

依《汉志》言度量衡之标准，系以黄钟之长，黄钟之容及容重为本，而以子谷秬黍为校验。度本起于黄钟之长，九十分之一为一分；量本起于黄钟之龠，用度数审其容，合龠为合；权本起于黄钟之重。是故汉代度量衡制度之标准，一"本"于黄钟。又虑失其制，故又注以积黍之法，一黍为一分，直列九十黍合黄钟之长以起度，一千二百黍合黄钟之容以起量，即以此容数，合黄钟之重以起权衡。所谓九十黍一千二百黍者，皆当时校验黄钟之制适合之数，决非以秬黍为度量衡之标准。故《汉志》言度量衡，皆云"本起黄钟"，后又以子谷秬黍作校验之证，所以存其制于后世。

度量衡之标准既定，又必须增设度量衡单位之名，以资实用。《汉志》本于刘歆之说，所谓五法，参五以变。度量衡单位之名各有五：五度者，分、寸、尺、丈、引，均以十进；五量者，龠、合、升、斗、斛，合由龠二进，合以上均十进；五权者，铢、两、斤、钧、石，二十四铢为两，十六两为斤，三十斤为钧，四钧为石。是为《汉志》度量衡命名命位之制。

然汉代度量衡，盖承秦之遗制，故秦汉之制，大略相同。此以何立说？考周代定制，至春秋迄战国之世，盖已紊乱至极，秦不师古，自孝公（民元前二二七二年—民元前二二四八年）之世，以商鞅佐政，一切法制均变于古。商鞅变制，籍称在孝公十二年（民元前二二六一年）。吕祖谦曰："商君为政，平斗角，权衡丈尺。"《三辅黄图》："皇帝二十六年（民元前二一三二年），初兼天下……一法律，同度量。"在周末各国度量衡之制，本极紊乱，秦商鞅变制，划一之；秦始皇一统天下，一切以暴力强制施行。秦之强制变制，影响于后世极重，汉兴之制，即秦之变制者，度量衡之制亦然。盖至秦并天下之后，朝廷度量衡之制，昭然划一。汉兴，度量衡之制，即承秦之遗制，此其一。商鞅变制，最著者，为废井田，开阡陌。汉代每有言"富者田连阡陌"，即受变制之影响。秦废周百步为亩之制，增至二百四十步，其遗制传及于后世，无有变更，此其二。汉兴以后，度量衡未闻有定制之举，而《汉志》谓汉制以黄钟为本，即汉用秦制，由其制合黄钟之数，以为标准。如云"九十分黄钟之长"，盖秦遗制之尺度，合黄钟如此，《汉志》以此为标准；量衡之制亦然。又如量名之"合""龠"，亩制之"顷"名，盖皆由秦之遗，汉用之，此其三。考秦之斤钧石三权器，发现于今（铢两二权或以太小，容易失传，故未曾发现），三权实重之进位，一如《汉志》，而秦行十二铢钱，文曰"半两"，其义亦可通。是汉立五权之制，亦法秦之实制，此其四。秦变钱制，实行铢钱，汉兴亦行铢钱，秦钱重十二铢，汉以其重，改铸三铢等钱，铢之重，殆即依秦之制，此其五。是故秦汉二代度量衡实为一制，其立制之始，在秦孝公之世，盖变周制而一统周末之乱法者；其统一之成，在秦始皇兼并天下之时；而其制度之备，则载于《汉志》（秦世享国不久，虽立其制，不传于书）。此为研究秦汉时代度量衡制度，应注意者一。

王莽代汉，斥秦为无道，每有所兴造，必欲依古，多出于《周礼》。于是变汉制（亦即变秦之遗制），复周制，度量衡之制亦然。惟莽所变者，为度量衡大小之量，其法制则相同，《汉志》出刘歆之五法，歆为莽之国师，是《汉志》言度量衡之制，即为莽制。而刘歆言五法，亦即秦汉之原制，故所变者，非其制，乃其量也。秦莽两代变制，为中国政治上最大之改革，影响亦最重。秦变度量衡之制，传及于汉代；莽变度量衡之制，亦传及于后汉。《隋志》载：后汉建武铜尺，与王莽刘歆尺并列，其度相等，乃荀勖同用以校验其所造之尺。故后汉建武之度，即莽之制也。此为研究汉代度量衡制度，应注意者二。

秦汉二代度量衡，及新莽后汉度量衡，各属同制，则第二时期中国度量衡制度，可以互为参证以明之。

第三节　秦代度量衡之变制设施及制作

《史记·商君列传》："（商鞅）平斗桶，权衡，丈尺。"吕祖谦曰："秦始皇二十六年衡石丈尺。"又曰："自商君为政，平斗甬，权衡，丈尺，其制变于古矣，至是并天下之后，皆令如秦制。"考商鞅变法为中国上古政治制度第一次大改革，影响于后世极重。周代度量衡之制，早已紊乱，而历史必须进步，故商鞅变制，以新制统一数百年间紊乱不堪之旧制，以历史眼光观之，诚为树立新政之要着。盖秦自孝公之世，商鞅变旧制，立新法，行于秦一国。至兼并天下之后，使天下尽用秦制。《吕览》曰："凡民自七尺以上，属诸三官。农攻粟，工攻器，贾攻货。……仲秋之月……一度量，平权衡，正钧石，齐斗甬。"故秦世不但令天下尽如秦制，并行每年定时检查之制。至是度量衡之制，当是复能划一。此秦代度量衡变制及设施之概略。

人长七尺，秦制之尺，计约为一九三·五公分，与周制人长一丈之数约相符合，此可证秦汉之尺度。周尺之一尺二寸五分，为秦尺之九寸，周尺之一丈，为秦尺之七尺二寸，合人长七尺之说。

《古今图书集成》载："秦权铭曰'廿六年，皇帝尽并兼天下诸侯，黔首大安，立号为皇帝，乃诏丞相状、绾，法度量，则不壹，歉疑者，皆明壹之'，此始皇帝诏也。又曰'元年，制诏丞相斯、去疾，法度量，尽始皇帝为之，皆有刻辞焉。今袭号，而刻辞不称始皇帝，其于久远也，如后嗣为之者，不称成功盛德，刻此铭，故刻左，使毋疑'，此二世诏也。"是盖在秦始皇二十六年统一天下之后，制造权原器，而刻此前铭，至二世元年（民元前二一二〇年）复增刻此后铭。此权原器，据吴大澂所藏有四，共三种重量，其同量者，一为铜质，一为铁质，均有刻铭二，与此全同，如第一〇图：

秦斤权

廿六年皇帝盡
并兼天下諸侯
黔首大安立號
為皇帝乃詔丞
相狀綰法度量
則不壹歉疑者
皆明壹之

秦斤权

元年制詔丞相
斯去疾法度量
盡始皇帝為之
皆有刻辭焉今
襲號而刻辭不
稱始皇帝其於
久遠也如後嗣
為之者不稱成
功盛德刻此詔
故刻左使毋疑

秦钧权　　　　　　　　　　秦钧权

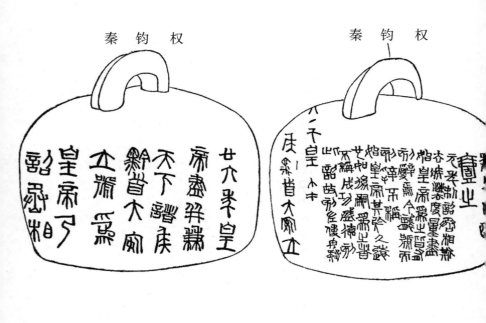

秦石权　　　　　　　　　　秦石权

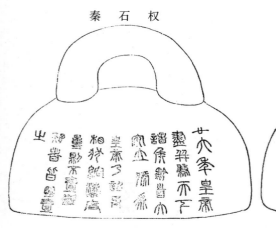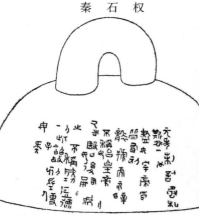

第一○图　秦权图

观图，三种权之铭全同，第二权两刻始皇诏书，吴氏曰："或因初刻一诏，日久有漫漶字，迨二世颁诏时，补刻始皇前诏，故有重文。"总之，此殆为秦代之制作，于以证秦汉权衡之制，当为不诬。惟三种权，均未注明重量，据吴氏实验，校得第一种权重湘平六两三钱一分，第二种权重湘平十三斤八两，第三种权重湘平五十四斤。以吴氏实验得秦半两泉之重计之，二三两种权，其一适为钧权，其一适为石权；第一种权较斤权之重稍弱，吴氏曰："一斤应合七两二钱（○·四五两之十六倍为斤），是权短平八钱九分，下边有磨镱痕，故铜质略轻。"然此三种权，当为秦之斤钧石三权，而秦汉二代权衡之制，于钱法校验之外，于此得一实证。

第四节　汉代度量衡及与周代设施上之比较

汉代度量衡可以证之于《汉书·律历志》，其实量可以由秦莽二代度量衡推求之。其对于度量衡行政上之设施，据《汉志》云：度者，职在内官，廷尉掌之；量者，职在太仓，大司农掌之；衡权者，职在大行，鸿胪掌之。廷尉，秦官名，掌刑狱之事，汉仍之，颜师古曰："法度所起，故属廷尉。"大司农，掌钱谷之事，颜师古曰："米粟之量，故在太仓。"谷以量计，故量属大司农。鸿胪，本周官大行人之职，掌赞导相礼之事，颜师古曰："平均曲直，齐一远近，故在鸿胪。"

周制朝廷掌理度量衡事务之官有三：出之以内宰，一之以合方氏，同之以大行人。而实际掌地方度量衡事务为司市，故曰掌之以司市。考周行邦国之制，封邦之后，各邦各治理其邦内之事，故统一之权，属于中央朝廷之上，地方之官，掌理推行之事务。汉行郡国之制，郡置郡守，随时由中央派任，故统一之权及掌理之务，均属诸中央。此周汉二代行政设施不同之点一。周制以掌理度量衡之性质分官，故内宰掌理度量衡标准之事，合方氏掌理民用度量衡之事，大行人掌理公用度量衡之事。汉制以掌理度量衡之器具分官，故廷尉掌理度器，大司农掌理量器，鸿胪掌理衡器。此周汉二代行政设施不同之点二。

第四二表　周汉二代度量衡行政官司比较表

周汉度量衡行政官司之比较

分权
{ 周——统一之权属中央，掌理之务属地方
{ 汉——统一之权、掌理之务均属中央

分官
{ 周——内宰掌标准，合方氏掌民用，大行人掌公用
{ 汉——廷尉掌度，大司农掌量，鸿胪掌衡权

第五节　新莽度量衡之变制及其影响

变制者立新制，为历史演进自然之结果，故前代法制不良，或已不适于用，惟有创立新制，以承紊乱之末，一毁以前旧制。周末度量衡紊乱已久，真制失传，而秦变之。汉中度量衡未闻有统一之举，其不划一，自为意中事，而莽变之。中国度量衡之制，自秦一变，而汉行之，自莽再

变，而后汉行之，其影响亦至为重大，故特于此再伸言之。

莽变制，乃变汉之制，亦即变秦之制，但又非为复周制。而度量衡之法，则不变于汉，《汉志》出于莽师刘歆之五法，而五法盖本秦汉之法制，是故秦汉之法制，莽未尝改变，所变者，器之量也。

新莽变制影响，至为重大。"自汉平帝时，命刘歆同律度量衡，变汉制，王莽因之，以铸钱货铜斛望臬；晋武帝时，荀勖因钱货铜斛望臬制尺。""荀勖所取法之西京望臬，建武铜尺，亦仍莽制，荀勖之尺，为晋前尺，历代尚之，《隋书·律历志》开载十五种，尺以此尺为主。""后周世宗时，王朴造乐，用此尺，而略有所增。宋太祖嫌其尺短，音哀，命和岘更增之。仁宗时丁度高若讷据莽之钱货定尺以献，而司马光刻之于石，蔡元定著之于书，……"（以上据莽制流布影响之事实，乃杂录各家之言）

总之，中国度量衡至新莽之时，实为有史以来最大之改革。既改制后，复毁灭前代之制，制颁标准器，使天下所用者，莽之器，使后世所传者，亦莽之制。无论后世用器实量之增损如何，而所采据以为校量之准者，无非莽制莽物。参见后数章，可知莽制传布之广，影响之大。

第六节　新莽度量衡标准器之制作及设施

新莽度量衡标准器之制作，今可考者，有度、量、权三种，仅量标准器完整无羔，度、权二种标准器已不完全。

又衡标准器亦难详考。考新莽嘉量，历史上曾经数次发现。魏陈留王景元四年（民元前一六四九年）刘徽注《九章·商功》曰："王莽铜斛，于今尺为深九寸五分五厘，径一尺三寸六分八厘七毫，……"王莽铜斛即新莽嘉量，嘉量本为铜质，而斛为嘉量之正身，故以斛为名。刘徽注《九章》，必亲见此器，此一次发见于魏世。《汉书·律历志》注引郑氏曰："今尚方有王莽时铜斛，制尽与此（指《汉志》）同。"王国维曰："案颜师古《汉书叙例》云：'郑氏，晋灼《音义序》云，不知其名，而臣瓒集解，辄云郑德，既无所据，今依晋灼，但称郑氏。'案臣瓒晋灼皆西晋初人，已引郑氏说，则其人当在魏晋间矣。"此二次发见于魏晋之间。李淳风《九章算术注》："晋武库中有汉时王莽所作铜斛"，此三次发见于晋世。高僧传："苻坚遣丕南攻襄阳，道安与朱序俱获于坚，既至住长安五重寺，时有一人持一铜斛于市，卖之，……坚以问安，安曰：'此王莽自言，出自舜皇，就柴戊辰，改正即真，以同律量，……'"（秦攻襄阳，获朱序，在东晋孝武帝太元四年）此四次发见于秦苻坚之世。王国维曰："王莽嘉量，《西清古鉴》著录，今藏坤宁宫，五量及铭辞并完，古籍所记魏晋武库曾藏一具，郑德注《汉书·律历志》，刘徽注《九章·商功》，并著其事，苻坚于长安市上亦得一具，……唐宋以后未见记录。此器不知何时入内府，又未知得自何所。……"盖新莽嘉量，在魏晋之世，曾数发见，唐以后不知存否。《清会典》："乾隆间得东汉圆形嘉量"，此亦新莽所制作之嘉量（原藏于坤宁宫者）。此五次发见于清初。王国维谓不知何时入内府，盖即得之是时，藏在是时？故宫博物院藏有一具，完好如初，即出自坤宁宫者。今此器出，在中国度量衡史上实有极大之价值，整个中国度量衡实制，几可全由此器证实之。

《西清古鉴》为乾隆敕撰，有汉嘉量之图及铭文。又乾隆时，翁方纲《两汉金石记》载王莽铜量之铭文铭辞均全，而《隋书·律历志》只载斛铭。李淳风《九章算术注》，谓"其篆字题解旁云云（斛铭），……及斛底云云（斗铭），……后有赞文，与今《律历志》同，……今祖疏王莽铜斛，文字尺寸分数，然不尽得升合龠之文"。王国维曰："'云后有赞文与今《律历志》同'者，此量后铭与淳风所撰《隋书·律历志》中莽权铭同。云'今祖疏王莽铜斛文字尺寸分数'者，祖谓祖冲之，《隋志》载'祖冲之以密率考此量'其证也。云'不尽得升合龠之文'者，谓祖冲之仅录斛斗二铭及后铭，不录升合龠之铭也。"故在魏晋之世，嘉量之器虽发见，而铭辞不尽录。王氏又曰："古书记录此器，颇有违失，如高僧传，言'横梁昂者为升，低者为合，梁一头为龠'，其所谓梁者，即左右两耳，今此器两耳平行，初无低昂，传语失之。《九章》李注，言'升居斛旁，合龠在斛耳上'，区旁与耳为二，尤非。盖僧祐李淳风均未见此器也。"总之，此器当时虽数度发见，而著者未见其器，故失其真。又名之者，亦有种种歧异：刘徽郑氏均谓"王莽铜斛"，《隋志》谓"王莽时刘歆铜斛"，《清会典》《西清古鉴》，均谓"东汉嘉量"，翁方纲谓"王莽铜量"，马衡刘复谓"新嘉量"，王国维谓"新莽嘉量"。

嘉量为五量之器名，王莽国号新，新莽为表王莽制作之时代，故宜称为"新莽嘉量"。

王国维又曰："浧阳端氏尚有一残量，仅存周围小半，……有后铭八十一字，海内未开有第三器。……据铭辞云：'龙在己巳，岁次实沈，初班天下，万国永遵'，则王莽于始建国元年，曾以此量班行天下。案汉末郡国之数凡百有三，莽制承之，则此器当时所铸必有百余，而今仅存二器，又惟此（指藏于坤宁宫者）独完真。"己巳为新莽始建国元年（民元前一九○三年），即在是年颁发度量衡标准器，以为各国遵守。既云"初班天下，万国永遵"，知其制作标准器之数，诚如王氏云，当在百余份以上。故自是而后，中国度景衡之制，又完全统一。各郡国所存之标准器，均只为莽制矣。

故宫博物院所藏新莽嘉量原器，如第一一图。

第一一图　新莽嘉量原器图

刘复曰："此器中央为一大圆柱体，近下端处有底，底上为斛量，底下为斗量；左耳为一小圆柱体，底在下端，为升量；右耳亦为一小圆柱体，底在中央，底上为合量，底下为龠量（右耳底壁均甚厚）。故斛、升、合三量，均向上，斗龠二量，均向下，《汉志》所谓'上三下二，参天两地'也。"此即新莽嘉量形体之说明。其量之实制，可于其五量之铭辞中研究之。其斛铭曰："律嘉量斛，方尺而圜其外，庣旁九厘五毫，冥百六十二寸，深尺，积千六百二十寸，容十斗。"

《汉志》出于刘歆之法，故新莽嘉量与《汉志》之说，可互为参证。今其五量铭之文义，及《汉志》所谓"用度数审其容"之义，均为应研究者。考新莽嘉量，五量均内为圆形，但不曰圆径之数，而曰"方若干而圜其外，庣旁若干"，此与周鬴之制所不同者，为庣旁之制。《律吕新书》以斛铭文解之，谓"'方尺'者，所以起度，'圜其外'，循四方而规圜之，其径当一尺四寸有奇"。所谓"庣"，郑康成谓为"过"，颜师古谓为"不满之处"，《律吕新书》曰："'庣旁九厘五毫'者，'径一尺四寸有奇'之数，犹未足也。"是盖由"方尺而圜其外"，以定圆径之数，犹不足，圆径两端须再各加九厘五毫，而后其圆面积始足百六十二方寸之数，即所谓冥若干。"冥"字，《隋志》载称，"幂"，即是圆面积。何以要合一百六十二方寸之数？盖黄钟一龠之所容，为"八百一十立方分"，二千倍之为斛之容积，应为一千六百二十立方寸，以斛深一尺等之，斛圆面积，即应合一百六十二方寸。故由"方尺而圜其外"以定圆径，须加庣数，而后由径求圆面积，始能合也。

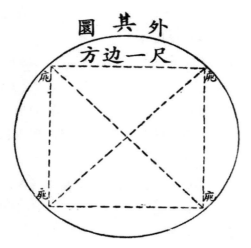

第一二图　新莽嘉量斛方尺而圜其外并庣旁图

刘复曰："圆内所容正方形之四角，并不与圆周密接，而中间略有空隙，即所谓庣。"庣数应为二，故

斛圆径 = $\sqrt{2}$ + (2 × 庣) = 1. 4142136 + 2 × 0. 0095 =1.4332136 尺

斛圆面积=（7.166068）^{2}×π=161.3291 方寸

此数系用现时通用圆周率三·一四一六计算，故略小，但在莽制作之时，其圆周率并非此数，其斛圆面积为一百六十二方寸。由是可知所谓"方若干而圜其外"，又"庣旁若干"者，乃为足其面幂之数，再由是而得其应有之容积。此新莽嘉量之制，所谓"用度数审其容"者。

新莽嘉量之"度数"既定，则所谓"审其容"，只须知其尺之长度，即可计算，参见前第三章。惟新莽嘉量，系新莽制作标准器之一，有容量，复有度数，且有重量，

《汉志》云嘉量"其重二钧"，新莽之制亦然。故做新莽嘉量之实验，实可以求新莽度量衡之全制，或验其制作精差之度。此种工作，王国维曾依斛之度数，作尺度之校量，得一尺之长合清营造尺七寸二分，已见前。而刘复则做度量衡完全之实验，并作"校量及推算之文"。

据刘氏求得之结果，以尺、升、斤三单位，表之如下：

新莽之度，一尺，为二三·〇八八六四公分。

新莽之量，一升，为二〇〇·六三四九二公撮。

新莽之权，一斤，为二二六·六六六六公分。

依新莽嘉量实验得度量二数，较前第三章所定之标准数，可作比较如次（前定衡数标准，系与此平均计得者，故不作比较）：

（一）度，较二三·〇四公分，仅大〇·四八六四公厘。

（二）量，较一九八·一三五六公撮，仅大二·四九九三公撮。

新莽制作之权标准器，于南北朝之世，亦曾二度发现。《隋书·律历志》曰："案《赵书》，石勒十八年（民元前一五七七年）七月，造建德殿，得圆石，状如水碓。其铭曰：'律权石，重四钧，同律度量衡，有辛氏造'，续咸议是王莽时物。后魏景明中，并州人王显达献古铜权一枚，上铭八十一字，其铭曰：'律权石，重四钧'，又云：'……（八十一字铭见后）'此亦王莽所制也。"案"新"字，《隋志》均误载为"辛"字。自是之后，则无有道及之者。近在甘肃定西县西七十里之称钩驿，发现新莽权衡数件，陈列于甘肃省教育馆，后被窃失踪，复经海关发现，被人偷运海外，乘机扣留。今古物保管委员会存有"直柱一，衡一，钩一，权四"。据冰岩君曰："甘肃省教育馆旧存新莽衡权，计衡一，权四，钩一。衡有铭文，残缺不完，存七十一字（案此七十一字，乃新莽度量权衡总铭八十一字之前七十一字，见后）。四权中，一权铭文与衡同，一残缺仅余律、建、定三字，一已残剥无字，一仅余一铢字。"冰岩君所云者，即今存古物保管委员会中之新莽权衡，惟冰岩君所谓存七十一字之衡，是为度，非衡也。除此而外，计古物保管委员会所存为权四，衡一，新莽权衡原器如第一三图。

（一）

（二）

第一三图　新莽权衡原器图

五量各有一分铭，仅其所言度数异，其文义均相同。五权之分铭，《隋志》载一石权，铭曰："律权石，重四钧"（石勒十八年发见之圆石，其铭后文有"同律度量衡有辛氏造"九字，但每一器已有一总铭，表示新莽之制作，故莽权铭，以后魏发现者为是）；则其余四权之分铭，可依此类推。冰岩君所云四权，除一权已无字不计外，其一权铭文与衡同，即谓总铭，其一权余律、建、定三字，当即总铭中之"律""建""定"三字，其一权余一铢字，当即铢权或两权铭中之铢字。

甘肃省教育馆尚存一最大之权，是乃石权。《汉志》曰"五权之制，……圜而环之，令之肉倍好者"，观四权图之形式，诚然。又衡上亦有一总铭，全，在衡之中央，并无分铭。又有一钩，其式与现今杆秤之钩同，未知是否属于此衡者。

古物保管委员会所谓"直柱"，即冰岩君所谓"衡"者，实乃度标准器，如第一四图。

第一四图　新莽度原器图

《汉志》言度制："高一寸，广二寸，长一丈，而分寸尺丈存焉。"今据图，高广之度正相合（以前第三章考定新莽尺之长度计之，高一寸，广二寸，正相合），长仅五尺八寸，然器中总铭仅余前七十一字，而度器亦有分铭，则自断处以后，合总铭缺字及分铭，当可足四尺二寸之数，合长当为一丈。

又嘉量虽为一器，而五量分制，又五权亦分制，故五量五权之分铭，各有五。五度仅有二器，其一为存分寸尺丈之四度，其一为引制，二器当仅有二分铭，其铭虽不可考之于器，但可证于《汉志》。又《汉志》分五度、五量、五权，衡之制不详，盖衡为权之用，故衡无分铭。兹将新莽度量权衡标准器之制作，总括说明如次：

一、标准器之种类。（全份在百数以上）

（一）度器有二：其一，为铜制直尺，长一丈，宽二寸，厚一寸，所以表明分寸尺丈之四度；其二，为竹制卷尺，长十丈，宽六分，厚一分，为引制。

（二）量器合为一，铜制，正身上为斛，下为斗，左耳为升，右耳上为合，下为龠。五量并表明于此一器，均圆柱形。

（三）权器有五：铢、两、斤、钧、石，分制，铜或铁制，均圆形中有圆孔，"令之肉倍好"，故圆孔之径，为外径三分之一。

（四）衡器至少有一，铜，或铁制，如今秤类之横梁，其制不尽详。

二、每一器有一总铭八十一字均相同。

黄帝初祖，德市于虞；虞帝始祖，德市于新；岁在大梁，龙集戊辰；戊辰直定，天命有民；据土得受，正号即真；改正建丑，长寿隆崇；同律度量衡，稽当前人；龙在己巳，岁次实沉；初班天下，万国永遵；子子孙孙，享传亿年。

（现存嘉量及衡杆之总铭，及《隋志》所载之权铭，此八十一字均完全，现存度器之铭，为前七十一字，所缺者为后十字。铭文中云："黄帝""虞帝"者，有谓莽自称虞舜之后，实非；盖黄帝初造律，以定度量衡，虞舜始同律度量衡，莽好古，所以遵古。铭文有"同律度量衡"之语，盖其意，即以虞舜之后，惟我能行，故曰"黄帝初祖，德市于虞；虞帝始祖，德市于新"。）

三、五量之分铭。（今完全）

（一）律嘉量斛，方尺而圜其外，庣旁九厘五毫，冥百六十二寸，深尺，积千六百二十寸，容十斗。

（二）律嘉量斗，方尺而圜其外，庣旁九厘五毫，冥百六十二寸，深寸，积百六十二寸，容十升。

（三）律嘉量升，方二寸而圜其外，庣旁一厘九毫，冥六百四十八分，深二寸五分，积万六千二百分，容十合。

（四）律嘉量合，方寸而圜其外，庣旁九毫，冥百六十二分，深寸，积千六百二十分，容二龠。

（五）律嘉量龠，方寸而圜其外，庣旁九毫，冥百六十二分，深五分，积八百一十分，容如黄钟。

四、五权之分铭。（钧、斤、两、铢，四权铭，为推出者）

（一）律权石，重四钧。

（二）律权钧，重三十斤。

（三）律权斤，重十六两。

（四）律权两，重二十四铢。

（五）律权铢，重百黍。

五、五度之分铭。（仅有二，今推定者）

（一）律度分、寸、尺、丈，高一寸，广二寸，长一丈。

（二）律度引，高一分，广六分，长十丈。

第七节　后汉度量衡

后汉度量衡，承莽之制，又有二证。莽变制，必尽毁旧器，一律行用新器，于是传于后汉者，盖只为莽制。而后汉对于度量衡，并不如莽之注重，莽制既传于后汉，后汉亦即因之，不另更张。晋荀勖造尺，所校古物，五曰铜斛，七曰建武铜尺，是后汉尺度，与新莽嘉量定度数之尺度相等，此其一证。《汉书》著于后汉初，而《律历志》一本莽师刘歆之法，此即莽制传于后汉之明证。设后汉改莽之制，或莽制与前汉制异，必不以莽法著为前汉之制。此更可证，不但后汉承莽之制，即莽亦承前汉之制，莽所变者，非汉制，乃其器量，此其二证。总之，史乘籍载，后汉于度量衡之设施及制作，既无记录，即其制度，亦莽之制也。

《后汉书》："诏下州郡检核垦田顷亩及户口年纪……河南尹张伋及诸郡守十余人，坐度田不实，皆下狱死。"此可见后汉光武帝注重于田亩之计数。《后汉书》又有曰："伦平铨衡，正斗斛，市无阿枉，百姓悦服。"则后汉度量衡必不划一，故有平正之举，而民悦服。于此可见后汉朝廷并不注重于度量衡之制，较之新莽远不及也。

第八节 《汉志》注解之说明

一 起度标准之说明

《汉志》曰："度……本起黄钟之长，以子谷秬黍中者，一黍之广度之，九十分黄钟之长，一为一分。"其意已甚明显，即谓度制本于黄钟之长，九十分之一为一分，故曰"度本起黄钟之长"，又曰"九十分黄钟之长，一为一分"，而二句之间，则夹入"以子谷秬黍中者，一黍之广度之"一语，盖当时恐其实际不存于后世，故考求于子谷秬黍，以其中者，一黍之广度之，恰合一分为九十分一黄钟之度，非以子谷秬黍为标准。盖汉代之尺，本于秦制，其度已定，而度一本于黄钟，故汉以古黄钟验其尺，恰符九十分之度。九十分者，乃二者比较之数，二者均先已存在，既非以尺定律，亦非以律定其尺度（若以律定尺，当作整分百分之度；若以尺定律，当作天数九九之八十一，或作地数十十之一百分之分剂，《汉志》之说，固每以阴阳为言，今九十分之数于二者之义，一不相合，即其明证），此《汉志》之本意如此。而后世之误，盖有二因：一误于《汉志》以黍为校验之说，盖其时以黍系天生之物，有常不变，用之以为校验之物，后世有所准。但黍非为不变者，已见前章，而《汉志》自云以"中"者为度，此在当时实已知其非不变，而犹以黍为校验之物，知其误而遗其误，此误之实甚。二误于后世之曲解，每专恃于累黍为定，以《汉志》系以黍为标准，今引一段误解之说，以为佐实。宋房庶曰："尝得古本《汉志》'一黍'字下，有'之起积一千二百黍'八字（即谓'本起黄钟之长，以子谷秬黍中者，一黍之起积一千二百黍之广度之，九十分黄钟之长，一为一分'），今本《汉书》阙之。"因有此增文，于是有然否二说。然其说者之言曰："《汉志》前言分寸尺丈引，本起黄钟之长，后言九十分黄钟之长。尺量权衡，皆以千二百黍，在尺，则曰'黄钟之长'，在量，则曰'黄钟之龠'，在权衡，则曰'黄钟之重'，皆千二百黍也，岂犹于尺，而为不成文理乎？"范景仁等之言如此。否其说者之言曰："按一黍之广为分，故累九十黍为黄钟之长，积千二百黍为黄钟之广。"蔡元定等之言如此。二说之误，皆误在以黍为标准。然明于尺度与黄钟关系，及黍物虽中亦不中之义，则自明矣。

二　权量标准之说明

《汉志》曰："量……本起黄钟之龠，用度数审其容（解释见前）。以子谷秬黍中者，千有二百实其龠，以井水准其概，合龠为合，……权本起黄钟之重，一龠容千二百黍，重十二铢，两之为两。"明于起度标准之正义，即明于权量标准之正义。权量均本于黄钟，以黄钟龠之度数，审其容积之定准。黄钟龠容积八百一十立方分，此为标准；以黍为校验，得一千二百黍。然容黍又不比累黍，故又言容黍之准，以水准其概（解释见下）。一千二百黍，其黍之大小，乃当时用以累长九十黍合黄钟长者，即以此黍数为校量权之准，故称之定为十二铢之重。考量衡起于度，今法亦然，如以十分之一公尺立方体为一公升（法国言米突制起初之标准），一公升容水定为一公斤之重，即先以度数审其容，为千分之一立方公尺，而后以水为校量衡之准，此可以互通。惟取为校验之物用黍，自不若用水，而又以水之蒸馏过者为佳。然汉为权量之标准，实在黄钟龠，用度数审其容，后世不可专凭容黍，以求一千二百之数，以自误也。

三　黍广定度之说明

《汉志》曰："以一黍之'广'度之"，考"广"之为义，本甚广，如一室之纵度，得谓之广，横度亦得谓之广，室内之面积，又得谓之广，容积复得谓之广。"广"之义不限于"横"之一解。不过习惯广横二字，可以通用，遂误专以"横"为广之解释。若明于起度标准之所在，则为黍之广，根本不必在纵横意义之间寻根据。朱载堉曰："汉尺，斜黍之尺，黄钟之律，其长以斜黍言之，则为九十分。"盖汉尺与黄钟律比较得九十分，斜黍与黄钟律比较亦得九十黍，此皆比较之数。起度本不可于黍之纵横意义之间寻根据，又何得独谓为斜黍哉？斜黍者，不过比较其数相符，故命名曰"汉尺，为斜黍尺"，非汉以斜黍为校验之

度，亦非定汉尺为斜黍尺，不过为研究之方便，而借以命
之名者。

四　容黍准概之说明

《汉志》曰："以子谷秬黍中者，千有二百实其龠，以
井水准其概。"孟康曰："概欲其直，故以水平之。"颜师
古曰："概所以平斗斛之上者也。"刘复谓："以井水灌入
器中，以准其校量之意。"（考去容黍校龠之法，而以水校
黄钟定其量，始自宋李照之所为）马衡以"概为平斗斛器，
以井水准其概，是用井水校准其平斗斛器"。（马氏合孟颜
二家之说）如是"以井水准其概"一语，有二种解释：其
一，以"概"为平量器口之器，而用井水校验其概之平直；
其二，不以概作平量器口之器具解释，而将全句解作"用
水校量量器"之意，依第二说，概字无所用，而第一说以
水校概，均非《汉志》本意。刘复曰："顾陈垿《钟律陈
数》其曰，'以井水准其概'者，谓'实龠既满，沃水令
平，以当面幂，视黍粒之顶，悉与水齐而后已，所以代概
也'，这是说不过去的，因为黍轻水重，先放黍，后放水，
黍粒必随水浮出，至少也要浮得比龠口更高，决然做不到
'黍粒之顶悉与水齐'。顾氏接着说，'必井水者，性澄静，
善沉物，不浮动也'。这在井水性质上加了许多臆测，不甚
可靠。接着又说，'若曰以水平概，以概平龠，无论取平太
拙，且龠之面其广几何，安所施概？'这实在说得不错。"
实龠以黍，复加入水，则黍浮出水面之上，故刘氏言顾氏
之说非，为是。又顾氏言井水之性一段，亦为非是。盖用

水本意，水须清洁，在当时以水之最清洁者，莫若井中之水（若在今之世，必言蒸馏水，意可通），故说明用"井水"。至黄钟龠之口本甚小，顾氏之言固甚当，然口虽小，取平仍当以概器平之，始为慎重其准之意。"概"为器，即所谓"平斗斛器"者。而龠之口应平，须能完全与水平面密接，故以井水准其龠口之平，即所以为准其用概之平。以黍一千二百之数实龠之后，以概平龠口，视其平，须不多不少。故曰"千有二百实其龠，以井水准其概"者，及以"井水准其龠口之平，以概准其一千二百黍容数之度"，二事非同时为之者。《家语》孔子观于东流之水曰："……至量必平之，此似法；盛而不求概，此似正；……"此即谓水入量器，满而自平，不须求于概，"以井水准其龠口之平"者，即此之谓；是为以水性之平，定其龠口之平者。

第九节　第二时期度量衡之推证

一　《隋志》之记载

《隋志》记及本时期之尺度有三。其一，称为《汉志》王莽时刘歆铜斛尺，及后汉建武铜尺，此已见前，不再及。其二，称曰汉官尺，其说明曰："萧吉《乐谱》云：'汉章帝时零陵文学史奚景，于泠道县舜庙下，得玉律（《晋志》：相传谓之汉官尺），度为此尺。'"此尺不知是否果为古物，抑为出自得者之伪造？即系古物，而其年代已不可考。《晋志》谓之汉官尺，亦只可认为章帝时之官尺。据《隋志》载，比晋前尺（即合新莽尺）一尺三分七毫，盖章帝又后于后汉光武五十年，其时度量衡之制已不划一，则此尺盖由增益讹替及制造不准之所致也。其三，称曰蔡邕铜龠尺，其说明曰："从上相承，有铜龠一，以银错题其铭曰：'龠黄钟之宫，长九寸，……'祖孝孙云："相承，传是蔡邕铜龠。'"蔡邕为后汉末人，其时所行用尺度，非前汉之制，蔡氏或因造一龠黄钟律，以明前汉之制，但并非行使之制度。前后汉尺度之比，为一二〇比一〇〇，今蔡氏铜龠尺，复据《隋志》载其比数，为一一五·八，依此推算，得后汉尺比数，应为九六·三，不合一〇〇之数，盖为当时尺度较后汉初之实制，已有差之故。

二　谷口铜甬考

欧阳公《集古录》有谷口铜甬，始元四年，左冯翊造，其铭曰："谷口铜甬，容十斗，重四十斤。"考甬即为斛量，左冯翊为汉郡名，是器当系汉昭帝始元四年（民元前一九九四年）左冯翊郡所造。考汉制嘉量，斛容十斗，重二钧，即六十斤，今此器只云四十斤，或其量仅为斛，而无余四量，非嘉量之制。然此器非朝廷所制颁者，非为汉代标准器，自为无疑。

三　清定横黍律尺之推证

清初康熙定制，以横黍百枚之度，合清营造尺纵黍百枚之度，百分之八十一。清制以累黍布算得尺，由尺考定黄钟律，是清以清所造之尺定律，非以古律定尺者。今之黄钟，非古之黄钟，清横黍律尺，亦非古黄钟律尺，至为明显。故前称之名"清律尺"，未尝以古尺目之。而识者不察，误以清律尺为考定黄钟者，即谓为古尺之度，误之实甚。考其误致之果，有三：其一，误以为夏尺者，盖本横黍之度为夏古尺之说；其二，误以为周尺者，盖以中国史籍所谓古，每指周代为言之说；其三，误以为汉尺者，盖本《汉志》所谓"一黍之广为分，九十分合黄钟律长"之说。考清之律尺，清代所造，夏周汉三代之尺，已不传于后。而清律尺在其制作之时，所用以校验者，又非古物，较之荀勖之制作犹不及，此根本不可认为古。清横黍之度，只凭累黍为定，不过为清之律尺，作考古之一用。清律尺制成之后，考校古律，因而新莽之黄钟（亦非古黄钟见前），合清之太簇，故新莽尺合清律尺九分之八。新莽尺为夏尺一〇八分之一〇〇，为周尺一〇八分之一二五，为汉尺十二分之十，均非九分之八，故清之律尺比例，亦不合夏周汉三代尺之度。

四　吴大澂之考度器

吴氏实验汉代度器有二：一曰，汉虑俿铜尺；一曰，王莽铜尺。其图如下：

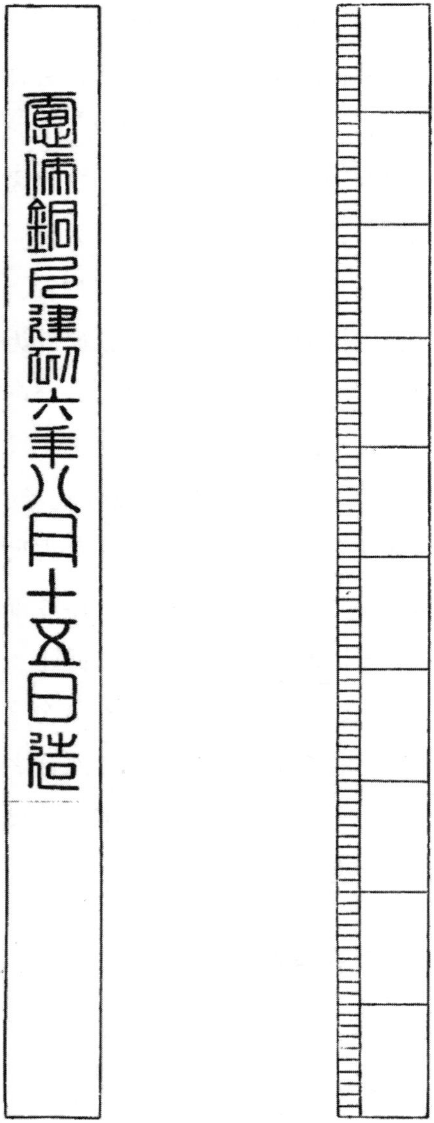

第一五图　汉虑傂铜尺

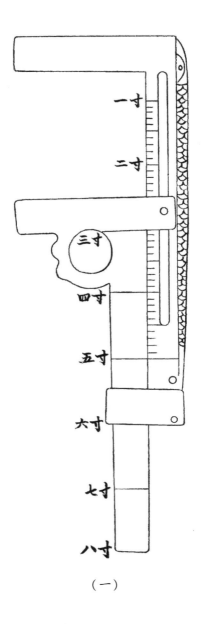

（一）

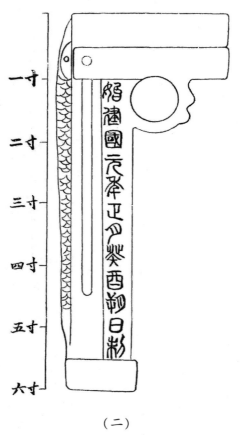

（二）

第一六图　王莽铜尺

　　其一，汉虑俿铜尺，注曰："为孔东塘民部尚任所藏，今在衍圣公府，原器上有铭识：'虑俿铜尺，建初六年八月十五日造'，十四字。"考虑俿，汉县名，此尺当系后汉章帝建初六年（民元前一八三一年）虑俿县造。吴氏曰："较周镇圭尺，长一寸六分。"周尺与新莽尺比，为一〇八比一二五，即周尺比新莽尺短一寸五分七厘，故此尺为新莽尺之遗制，后汉承之，足为实证。今比其原图。实长二三五·四公厘。《隋志》记汉代尺度之二，为汉官尺，合新莽尺度一尺三分七毫，即合二三七·五公厘。此二尺相差为二·一公厘，盖汉章帝时发现玉律，于是天下以为正度，各郡县摹仿制造。《隋志》曰"度为此尺"，即为既得此玉律，于是为此种汉官尺，今虑傀尺，即其之一证。其略不相合者，乃为摹制之误。故此尺非后汉尺度之正制。

其二，王莽铜尺，注曰："是尺年月一行十二字，及正面所刻分寸，皆镂银成文，制作甚工。近年山左出土，器藏潍县故家。正面上下共六寸，中四寸有分刻。旁附一尺，作丁字形，可上可下，计五寸，无分刻。上有一环，可系绳者，背面有年月一行，不刻分寸。"所谓年月一行十二字，即其尺铭，文曰"始建国元年正月癸酉朔日制"。则此尺亦系新莽代汉始建国元年（民元前一九〇三年）所造。惟考新莽度标准器之法，与此不同。观此尺形式，类如今之测径游标尺，盖为当时特殊需用而设。今度之，推得其一尺之长，合二五五公厘，较新莽尺正度，约大二五公厘，其差可谓极大。然据铭文，知此尺制于始建国元年正月初一日。而新莽度量衡标准器亦制于始建国元年，但新莽于是年代汉即位，其度量衡制度标准，在正月初一日必尚未确定，则是尺之度，当为前汉末间尺度差讹之所致也（前汉尺度之长为二七六·五公厘，此尺之长度，短二一·五公厘）。

五 王国维之考度器

王氏记汉代之尺度有四。其一，曰刘歆铜斛尺，乃依新莽嘉量斛之周径及深所制，已见前。其二，曰汉牙尺，注云："原尺现存西充白氏，分寸用金错，拓本长营造尺七寸二分六厘。"实长当为二三二·三二公厘，较新莽尺，长清营造尺度之六厘，即一·九二公厘。此当系后汉所造，亦由新莽尺略有增讹之证。其三，曰后汉建初铜尺，注云："原尺藏曲阜衍圣公府，今未知存亡，世所传拓本摹本及仿制品甚多，长短不同，均未可依据。癸亥年鄞县马叔平见一铜尺，汉阳叶东卿所仿以赠翁方纲者，其长营造尺七寸三分七厘。又上虞罗氏藏一未装裱旧拓本，长短亦同。"此尺亦系建初铜尺，藏于衍圣公府者，当即系吴大澂所谓汉虑傂铜尺。据王氏所记此尺之长，应合二三五·八公厘，与吴氏所图正相合（王氏亦谓吴氏撰权衡度量实验考，未及得见唐宋以后尺之实器，而不言吴氏未知此尺，故二氏所记实系同一尺者）。王氏曰："古尺存于今者，惟曲阜孔氏之后汉建初尺，潍县某氏之新莽始建国铜尺耳。"王氏谓此二尺，亦即吴大澂实验之二尺也。其四，曰无款识铜尺，注云："乌程蒋氏藏，比建初尺稍长，晋以前物也。"则此尺为晋以前而又后于后汉建初，其长度亦由增讹所致。

第七章　第三时期中国度量衡

第一节　《隋志》所记诸代尺之考证

自魏晋南北朝至隋诸代尺度，完全备载于《隋书·律历志·审度篇》，依各代尺度之长短，分之为一十五等，是为中国历代尺度记载之开演。若以朝代论，自周、新莽、后汉，迄魏、晋、东晋、前赵，及南朝之宋、齐、梁、陈，与北朝之后魏、东魏、西魏、北齐、北周，以止于隋，共十七朝。即以本时期内各代言之，亦有十四朝。诸代尺度实器之长，盖已完备，此为中国度量衡史上尺度详备特殊之时期。《隋志》所载尺度一十五等，均以晋前尺，即系以新莽嘉量之度考校订定者，为比较之标准，此又为特别之一点。今依《隋志》之说明，分别考证，以明其朝代之分。

一、第一等尺有四：（一）周尺，（二）《汉志》王莽时刘歆铜斛尺，（三）后汉建武铜尺，（四）晋泰始十年

（民元前一六三八年）荀勖律尺为晋前尺，即祖冲之所传铜尺。

《隋志》说明：《晋书》云："武帝泰始九年，中书监荀勖校太乐，八音不和，始知后汉至魏，尺长于古四分有余。勖乃部著作郎刘恭依《周礼》制尺，所谓古尺也。依古尺更铸铜律吕，以调声韵。以尺量古器，与本铭尺寸无差。又汲郡盗发战国时魏襄王冢，得古周时玉律及钟磬，与新律声韵暗同。于时郡国或得汉时故钟，吹律命之皆应。"梁武《钟律纬》云："祖冲之所传铜尺，其铭曰：'晋泰始十年，中书考古器，揆校今尺，长四分半，所校古法有七品：一曰姑洗玉律，二曰小吕玉律，三曰西京铜望臬，四曰金错望臬，五曰铜斛，六曰古钱，七曰建武铜尺。姑洗微强，西京望臬微弱，其余与此尺同。'"（案此铭，即《晋书·律历志》载，荀勖铭其尺之铭）此尺者，勖新尺也，今尺者，杜夔尺也。雷次宗、何胤之二人作《钟律图》，所载荀勖校量古尺文，与此铭同。今以此尺为本，以校诸代尺。

考证：

第一，荀勖造尺，以古器作校验者有七，其中五曰铜斛，即新莽嘉量，由嘉量测得之尺，即新莽尺度，七曰建武铜尺，为后汉尺度。由此证得新莽尺后汉尺及晋前尺，三尺长度相等。荀勖律尺，即晋前尺，自晋泰始十年至西晋末（民元前一六三八年—民元前一五九六年）用之。后为祖冲之所传，故又名"祖冲之所传铜尺"，但非另为一尺。第二，《隋志》所谓周尺，根据有二，一因荀勖造尺，依《周礼》所制，一因由魏襄王冢中得玉律，与荀勖之律相应。但荀勖造尺依《周礼》之制，并非有周尺为实验之证。而魏襄王在周末战国之时，其时法制已乱，非复周初之制，认为周末紊乱尺度之一可也。（《山堂考索》曰："汲冢玉律乃魏襄王所制，未能尽合古制，不然，春秋以来，权度已正，夫子不必发'谨权量'之语矣。"朱载堉曰："汉平帝时刘歆所造，《隋志》谓之晋前尺，盖以晋荀勖所定，不可直认为周尺，魏襄王冢中所获玉律，乃晚周之物，不可便谓成周之律度，魏自文侯已耽郑卫，而厌古乐，降至襄王则其时又可知也。"观此二则，亦可知古者亦未以为周尺。参见前第五章第五节之四。）

二、第二等尺有二：（一）晋田父玉尺，（二）梁法尺。

《隋志》说明：《世说》称，有田父于野地中得周时玉尺，便是天下正尺。荀勖试以校尺，所造金石丝竹，皆短校一米。梁武帝《钟律纬》称："主衣从上相承；有周时铜尺一枚，古玉律八枚，检主衣周尺，东昏用为章信，尺不复存，玉律一口萧，余定七枚夹钟，有昔题刻，乃制为尺，以相参验，取细毫中黍，积次誧定，今之最为详密，长祖冲之尺校半分。"案此两尺，长短近同。

考证：

田父所得玉尺，不知究属何代之制？与第一等尺所差不足一分（不及全长百分之一），当仍系新莽以后之制，既未经诸代定为尺制，只可作新莽尺之又一证。梁法尺或

名为梁新尺，盖在制定之前，行使俗间尺。（参见第十五等尺考）

三、第三等尺为梁表尺。（传入于陈代，隋大业用之调律）

《隋志》说明：萧吉云："出于《司马法》，梁朝刻其度于影表，以测影。"案此即奉朝请祖暅所算造铜圭影表者也。经陈，灭入朝，大业中议以合古，乃用之调律，以制钟磬等八音乐器。

考证：

梁表尺与前梁法尺，则梁代已有二种尺度，表尺为测影所用，法尺为通用之尺。而表尺传于陈，隋大业三年以后（民元前一三〇五年—民元前一二九四年），又定为律用之尺。（参见下第七节）

四、第四等尺有二：（一）汉官尺，（二）晋时始平掘地得古铜尺。

《隋志》说明：萧吉《乐谱》云："汉章帝时零陵文学史奚景，于泠道县舜庙下，得玉律，度为此尺。"傅畅《晋诸公赞》云："荀勖造钟律，时人并称其精密，唯陈留阮咸讥其声高，后始平掘地，得古铜尺，岁久欲腐，以校荀勖今尺，短校四分，时人以咸为解。"此两尺长短近同。

考证：

所谓玉律及古铜尺，亦不能断为何代之物。玉律云为汉官尺，盖出自伪造，汉章帝时因有用之者，不能即认为后汉之制（参见前第六章第九节之一）。掘地所得之古铜尺，或亦系汉章帝时外郡仿制者。而二尺实可为后汉尺增替之证。

五、第五等尺为魏尺，杜夔所用调律。（参见第一等尺之说明）

考证：

晋前尺自晋泰始十年始定，则泰始九年以前（民元前一六四七年—民元前一六三九年），当尚系魏尺。

六、第六等尺为晋后尺，晋时江东所用。

说明：《晋志》谓："元章后江东所用尺。"（民元前一五九五年—民元前一四八二年）

七、第七等尺为后魏前尺。

八、第八等尺为后魏中尺。

九、第九等尺有三：（一）后魏后尺，（二）北周市尺，（三）隋开皇官尺。

《隋志》说明：后魏初及东西分国，后周未用玉尺之前，杂用此等尺（指七、八、九三等而言）。甄鸾《算术》云："周朝市尺，得玉尺九分二厘。"或传梁时有志公道人，作此尺，寄入周朝，云与多须老翁；周太祖及隋高祖各自以为谓己。周朝人间行用，及开皇初著令以为官尺，百司用之，络于仁寿；大业中，人间或私用之。

考证：

后魏前中后三等尺，为自后魏初至西魏完，北朝所用之尺。但其间分用年代不可考，正所谓杂用者，北周承西魏，即以后魏后尺为市尺，中断（参见下第十一等尺考）。

至隋开皇复用，以迄仁寿之终为止（民元前一三三一年—民元前一三〇八年）。

十、第十等尺为东后魏尺。（北齐之尺同）

《隋志》说明：此是魏中尉元延明累黍用半周之广为尺。齐朝因而用之。太和十九年，高祖诏以一黍之广，用成分体，九十之黍，黄钟之长，以定铜尺……典修金石，迄武定未有论律者。

考证：

此尺分二朝，（一）自后魏太和十九年迄东魏武定间（民元前一四一七年—民元前一三六二年）所用者，（二）北齐承东魏，因而用之。

十一、第十一等尺有二：（一）蔡邕铜龠尺，（二）后周玉尺。

《隋志》说明：从上相承，有铜籥一，以银错题，其铭曰："籥，黄钟之宫，长九寸，空围九分，容秬黍一千二百粒，称重十二铢，两之为一合，三分损益，转生十二律。"祖孝孙云："相承，传，是蔡邕铜籥。"后周武帝……修仓掘地，得古玉斗，以为正器，据斗造律度量衡，因用此尺，大赦，改元天和，百司行用，终于大象之末。其律黄钟，与蔡邕古籥同。

考证：

蔡邕为后汉末人，其时所行用尺度，非前汉之制，盖蔡氏造一龠黄钟律，以明前汉之制（参见前第六章第九节之一）。北周初用市尺（民元前一三五五年—民元前一三四六年），至天和迄大象均用玉尺（民元前一三四六年—民元前一三三一年）。

十二、第十二等尺有三：（一）宋氏尺，齐梁陈三代因之，以制乐律，即钱乐之浑天仪尺，（二）北周铁尺，（三）隋开皇初调钟律尺，又平陈后调钟律水尺。

《隋志》说明：此宋代人间所用尺，传入齐梁陈，以制乐律。周建德六年平齐后，即以此同律度量，颁于天下。其后宣帝时，达奚震及牛弘等议曰："今之铁尺，是太祖遣尚书故苏绰所造，当时检勘用为前周之尺。验其长短，与宋尺符同，即以调钟律，并用均田度地。……今勘周汉古钱，大小有合。宋氏浑仪，尺度无舛。"既平陈，上以江东乐为善，曰："此华夏旧声，虽随俗改变，大体犹是古法。"祖孝孙云："平陈后，废周玉尺律，使用此铁尺律，以一尺二寸即为市尺。"

考证：

南朝宋代通用尺，齐梁陈相承继，均以此等尺为乐律尺。而梁以法尺为通用尺，表尺为测影尺。北周通用尺，初用市尺，后用玉尺；而乐律、均田、度地，均用此尺（民元前一三五五年—民元前一三三五年）。至建德六年（民元前一三三五年）灭北齐，又以此尺颁发，为通用尺，而玉尺百司仍行使之。隋开皇时通用尺曰官尺，即北周市尺，此尺为调律用尺。

十三、第十三等尺为隋开皇十年（民元前一三二二年）万宝常所造律吕水尺。

《隋志》说明：今太乐库及内出铜律一部，是万宝常所造，名水尺律。

考证：

此尺只为考校律吕所造，并未行用。

十四、第十四等尺为赵刘曜浑天仪土圭尺，即所谓杂尺。

十五、第十五等尺为梁俗间尺。

《隋志》说明：梁武《钟律纬》云："宋武平中原，送浑天仪土圭，云是张衡所作，验浑仪铭题，是光初四年铸，土圭是光初八年作，并是刘曜所制，非张衡也。制以为尺，长今新尺四分三厘，短俗间尺二分。"新尺谓梁法尺也。

考证：

前赵光初四年铸浑仪，八年铸土圭，以此二者制为尺相等，在刘曜制浑仪土圭之前，当已有此尺度，是为前赵之尺（民元前一五九四年—民元前一五八三年）。梁用法尺之前，民间用尺为俗间尺。

以上诸代尺度，本以新莽嘉量之度，为比较之主。由嘉量器上校得一尺之长度，与前第三章所定新莽尺长度之标准数，自不能完全相符，但其相差甚为微细，今为前后比较之标准一致，故仍以前所定新莽尺长度之数计之。兹将考证结果，列于第四三表：

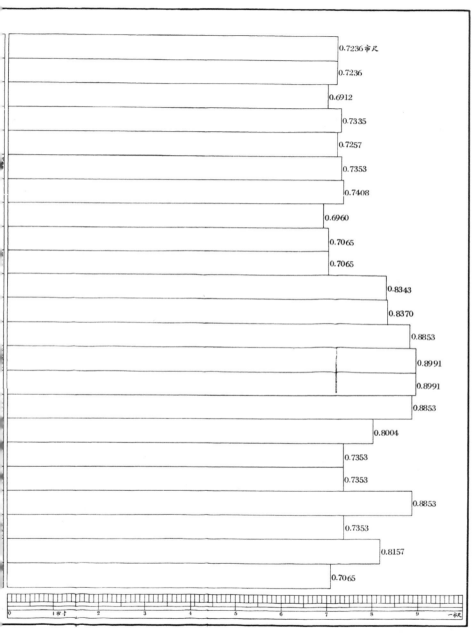

0.7236市尺

0.7236

0.6912

0.7335

0.7257

0.7353

0.7408

0.6960

0.7065

0.7065

0.8343

0.8370

0.8853

0.8991

0.8991

0.8853

0.8004

0.7353

0.7353

0.8853

0.7353

0.8157

0.7065

第一七图　魏至隋历代尺之长度差异比较图

第四三表　魏至隋历代尺之长度总表

民国纪元前	朝代	尺等	以新莽尺为准之百分比率	一尺合公分数	一尺合市尺数	备考
一六九二一一六四七	魏	五	一〇四·七〇	二四·一一	〇·七三六	
一六四七一一六三九	晋	五	一〇四·七〇	二四·一一	〇·七三六	
一六三八一一五九六	晋	一	一〇〇·〇〇	二三·〇四	〇·六九二	
一五九五一一四八二	东晋	六	一〇六·二〇	二四·四五	〇·七三三五	
一五九四一一五八三	前赵	一四	一〇五·〇〇	二四·一九	〇·七二五七	
一四八二一一三二三	南四朝（宋齐）（梁陈）	一二	一〇六·四〇	二四·五一	〇·七三五三	宋民间用尺，齐梁陈以之制乐律
一四一〇前后	梁	一五	一〇七·一〇	二四·六六	〇·七四〇八	梁民间用尺
一四一〇一一三五五	梁	二	一〇〇·七〇	二三·二〇	〇·六九六〇	梁法定新尺
一四一〇一一三五五	梁	三	一〇二·一一	二三·五五	〇·七〇六五	梁测影用尺

（续表）

民国纪元前	朝代	尺等	以新莽尺为准之百分比率	一尺合公分数	一尺合市尺数	备考
一三五五——一三二三	陈	三	一〇二·二一	二三·五五	〇·七〇六五	陈因于梁测影用
一五二六以后	后魏	七	一二〇·七〇	二七·八一	〇·八三四三	七、八、九三等尺为北后魏杂用尺
一五二六以后	后魏	八	一二一·一〇	二七·九〇	〇·八三七〇	
一五二六——一三五五	后魏 西魏	九	一二八·一〇	二九·五一	〇·八八五三	
一四一七——一三六二	后魏 东魏	一〇	一三〇·〇八	二九·九七	〇·八九九一	此为太和十九年所颁之大尺，东后魏用之，参见下第六节，其长度之比数参见下第八节之四
一三六二——一三三五	北齐	一〇	一三〇·〇八	二九·九七	〇·八九九一	
一三五五——一三四六	北周	九	一二八·一〇	二九·五一	〇·八八五三	北周通用之市尺，即北魏后尺

（续表）

民国纪元前	朝代	尺等	以新莽尺为准之百分比率	一尺合公分数	一尺合市尺数	备考
一三四六——一三三一	北周	一一	一一五·八〇	二六·六八	〇·八〇〇四	北周天和改元颁用玉尺
一三五五——一三三五	北周	一二	一〇六·四〇	二四·五一	〇·七三五三	调钟律均田度地用尺
一三三五——一三三一	北周	一二	一〇六·四〇	二四·五一	〇·七三五三	北周建德六年颁用铁尺
一三三一——一三〇六	隋	九	一二八·一〇	二九·五一	〇·八八五三	开皇通用之官尺，即北周市尺
一三三一——一三〇六	隋	一二	一〇六·四〇	二四·五一	〇·七三五三	开皇调钟律用尺即北周铁尺
一三二一	隋	一三	一一八·〇〇	二七·一九	〇·八一五七	万宝常律吕水尺
一三〇五——一二九四	隋	三	一〇二·二一	二三·五五	〇·七〇六五	

第二节　南北朝度量衡制度总论

观前节考证，知自后汉末迄于隋朝，诸代尺度，长短之间至为复杂。然尺度之增率，尚不过十之三。至于量衡，则复杂尤甚，增率更大。《隋志》曰："梁陈依古，齐以古升一斗五升为一斗（《隋志》原载为'齐以古升五升为一斗'，'五升'二字上，应有'一斗'二字，见下第八节之三）。"又曰："梁陈依古称，齐以古称一斤八两为一斤。……开皇以古称三斤为一斤，大业中，依复古秤。"此可见朝与朝之间，量衡增损有及倍者，而隋朝一代纪年才三十，前后相差竟至三而一，此诚属创闻，轻视法度之甚，于此为极。而中国度量衡至是增损讹替，任意变更，其不统一之实际情形，于此已可见一斑。

王国维曰："据前比较之结果（谓比较历代尺度之长短，《隋志》所载诸代尺亦在内），则尺度之制，由短而长，殆成定例。而其增率之速，莫剧于东晋后魏之间，三百年间几增十分之三。求其原因，实由魏晋以后，以绢布为调，而绢布之制，率以二尺二寸为幅（《淮南子》谓二尺七寸为幅，与此异；然此处在论由绢布增制之由，非考幅度之制），四丈为匹，官吏惧其短耗，又欲多取于民，故尺度代有增益，北朝尤甚。案《隋志》谓魏及周齐贪布帛长度，故用土尺，今征之《魏书·高祖纪》，太和十九年诏改长尺大斗；又《杨津传》，延昌末津为华州刺史，先是受调绢匹，度尺特长，在事因缘，共相进退，百姓苦之，津乃令依公尺度。案自太和末至延昌，不及二十年，而其弊已如此。"盖尺度增长之因，实由于此。然此乃据诸代尺度实用之器而校得者，《隋书·律历志》成于唐李淳风，南北朝诸代之尺，至唐世大半尚在，《隋志》之记十五等尺，即依实物校得者。王氏亦曰："唐李淳风撰《隋书·律历志》，其所据者，大半实物也。"顾此多数实器，乃为器之量，当时尺度之定制，并非如此之无有标准者，但制久失修，增损讹替，官欲多取于民，反视其所增者以为定制。吾人之研究，一面要考其致讹之由，一面仍当考求当初定制之本（详后各节），然后庶几有所准。南北朝诸代尺度致讹之由，固原于官吏多取于民。不可即以其增讹之尺，视为各代原本定制之准度；而各代每以其增讹后之度，定为当代之制，此又不可忽略者。明于此种"因果关系"，于中国度量衡之考证，尤以考本时期内度量衡，实有至大之裨益。

尺度之增益，由于多取民之帛，量衡之增益，亦莫不然。顾布手知尺，而尺者识也，尺度之长短，每可以目视成大约之准则，如长度本为一尺，视之即为一尺，今若增长至寸以上，视之即为过一尺。故尺度之增，其数必不过巨。至于量衡则不然，视之无准则。取之无定法，欲为蒙被，即陡增及一倍，亦不易察觉，故南北朝迄隋代量衡之增益，则达至三倍。在此短时期间，增损之甚，即由于此。范景仁曰："量之大，盖出于魏晋以来之贪政。"司马光补其意曰："尺、量、权衡，自秦汉以来，变更多矣；彼贪者，知大其量以多取人谷，亦知大其尺以多取人帛，大其权衡以多取人金。"尺度之增，为多取民帛，量衡之增，自亦为多取民谷与民金，此皆增讹之由也。

第三节　三国度量衡

三国全代，对于度量衡之制，无有规定。其时所行使度量衡之器，乃为新莽之制，经后汉增替，以至其世实际之结果者。晋荀勖校度，始知后汉至魏尺长于古（所谓古者，只有莽之实制）。四分有余，此即新莽尺经后汉至三国魏世增讹实至之长度。魏世杜夔以此尺度调律，故《隋志》谓之杜夔尺，实非魏世所定，而魏世实用之尺度如此，故用之以为定度。《晋书·律历志》曰："杜夔所用调律尺，比勖新尺（即晋前尺，合新莽尺之度）得一尺四分七厘。魏景元四年刘徽注《九章》云：'王莽时刘歆斛尺；弱于今尺四分五厘，比魏尺，其斛深九寸五分五厘'，即荀勖所谓今尺长四分半是也。"王国维曰："上虞罗氏又藏魏正始弩机，亦有尺度，较建初尺微长，殆即《隋书·律历志》所谓杜夔尺也。"后汉建初尺为《隋志》所谓汉官尺之传制，比新莽尺一尺三分七毫，今魏正始弩机尺，比建初尺略长，与杜夔之调律尺盖实相合也。于此可证魏世尺度之制。

《晋书·律历志》："魏陈留王景元四年，刘徽注《九章·商功》曰：'当今大司农斛，圆径一尺三寸五分五厘，深一尺，积一千四百四十一寸十分寸之三。王莽铜斛，于今尺，为深九寸五分五厘，径一尺三寸六分八厘七毫；以徽术计之，于今斛，为容九斗七升四合有奇。'魏斛大而尺长，王莽斛小而尺短也。"依现在通用圆周率计之，魏斛积为一四四二·〇一四立方寸，新莽嘉量斛积为魏尺一四〇五·一一二立方寸，实合魏斛九斗七升四合四勺。新莽尺比魏尺为九寸五分五厘，新莽斛比魏斛为九斗七升四合四勺，故曰"魏斛大而尺长，王莽斛小而尺短"。然魏斛魏尺所大所长，并不过巨，此实由新莽制经后汉增替之结果也。

王国维曰："上虞罗氏旧藏章武弩机，其望山上，有金错小尺，与建初尺长短略同。"则蜀汉之尺度，与魏亦略相近。此又可证蜀汉之尺度，亦由后汉尺度增益所致。三国时度量衡，他虽无可考，然至此实可证其全由莽制经后汉二百年间之增讹而其器量略增耳。

第四节　两晋度量衡

晋承魏国之初，制无改革，其所用者，即魏世之器。至"武帝泰始九年（民元前一六三九年）中书监荀勖校太乐，八音不和，始知后汉至魏，尺长于古四分有余。乃依《周礼》制尺，以尺量古器，与本铭尺寸无差"。此泰始十年（民元前一六三八年）事。勖于尺上，刻一铭，共八十二字，如下：

铭曰，晋泰始十年，中书考古器，揆校今尺，长四分半。所校古法有七品：一曰姑洗玉律，二曰小吕玉律，三曰西京铜望臬，四曰金错望臬，五曰铜斛，六曰古钱，七曰建武铜尺。姑洗微强，西京望臬微弱，其余与此尺同。

荀勖制尺，所校古法有七，皆依实在之物。晋武帝以勖律与周汉器合，故施用之。此盖为考定之度制，一矫新莽以后依增替之器为制之谬。惟晋代对于度量衡亦不注重，除此校律定尺而外，余无设施。此尺虽经施行，然当时一班无识之士，己无创造之能，任意讥诮抨击，致实际并不能通行。

（《晋书·律历志》云："依古尺更铸铜律吕，以调声韵，……荀勖造新钟律，与古器谐韵，时人称其精密；惟散骑侍郎陈留阮咸讥其声高，声高则悲，非兴国之音，亡国之音，……"此种诮语，影响于其尺之施行，至为重大；而况施行之后，"始平掘地，得古铜尺，岁久欲腐，不知所出何代，果长勖尺四分，时人服咸之妙，而莫能厝意焉"。考此古铜尺，不知所出何代，本不可依以为准；惟因其与时下魏世所传之尺相合，时人反以为然，因是新尺度之施行，发生极大障碍，故卒未得通行。）

《晋书·律历志》："元帝后，江东所用尺，比荀勖尺一尺六分二厘。赵刘曜光初四年铸浑仪，八年铸土圭，其尺比荀勖尺一尺五分。荀勖新尺，惟以调音律，至于人间未甚流布，故江左及刘曜仪表，并与魏尺略相依准。"于此足证勖新造之尺，未能通行，而流行增讹之尺，一仍其旧例。元帝后江东所用尺，又比魏尺增讹一分五厘，而前赵刘曜铸浑仪土圭，其尺度亦比魏尺增三厘。总之，新制未得通行，一惟增讹之旧惯，而其世尺度无有定制，只有反以其尺，观其时之度也可。

两晋尺度之制，增于新莽制，亦乃讹传之误。量衡之制不可考，然盖亦仍魏旧也。

第五节　南朝度量衡

南朝宋接东晋之后，宋齐梁陈又相承继，其世之尺度，亦由增讹旧例。《隋书·律历志》第十二等宋氏尺，比晋前尺一尺六分四厘。注曰："此宋代人间所用尺，传入齐梁陈，以制乐律，与晋后尺（即元帝后江东所用尺）及梁时俗尺、刘曜浑天仪尺，略相依近，当由人间恒用增损讹替之所致也。"宋尺比东晋尺略增二厘，盖一仍人间行用增讹之惯例。可知当时尺度并无定制，即以其时下实用之器，为其世之代表制者也。

梁武帝《钟律纬》称："主衣从上相承，有周时铜尺一枚，古玉律八枚，检主衣周尺，东昏用为章信，尺不复存，玉律一口萧，余定七枚夹钟，有昔题刻，乃制为尺，以相参验，取细毫中黍，积次讎定，今之最为详密，长祖冲之尺（即晋荀勖尺）校半分。"梁代承宋之尺，只为制验乐律之用，梁武帝则能考定新制。其考尺度，取法有三：其一，为古器，其二，为积毫，其三，为累黍。所考定之尺，比新莽尺只长半分。梁世增讹之尺，已长至七分一厘（梁俗间尺），梁武帝考定尺制，则非依增讹之器。此乃为本时期自荀勖定新尺制后之第二次考定制度之举。《隋志》名之曰梁法尺，称谓亦当。

梁朝未定法尺以前，民间用尺，较之由宋齐传入之尺，又有增益，此即比晋前尺一尺七分一厘之俗间尺。《隋书·律历志》第十五等尺曰："梁朝俗间尺，长于梁法尺六分三厘，于刘曜浑仪尺二分，实比晋前尺一尺七分一厘。"是梁朝民间俗用之尺，又比宋齐传入者，增长七厘。武帝既考定新制，则此俗用尺当废止之。

梁朝定法尺之外，又定影表尺，专用以测影，非通用之尺，其尺度比晋前尺一尺二分二厘一毫有奇。《隋志》谓："萧吉云，'出于《司马法》，梁朝刻其度于影表，以测影。'案此即奉朝请祖暅所算造铜圭影表者也。"是尺之度，较新莽尺制所增之数，不过二分有奇，当非由增讹所致者，而其度数小至毫位，尚曰有奇，故《隋志》谓"即奉朝请祖暅所算造者"。

南朝量衡之制，无详细考证。《隋志》曰，梁陈依古，齐以古升一斗五升为一斗，古称一斤八两为一斤。此不过大概言之。然量衡亦必无定制，所云增损之数，又不过讹替实际之量者也。

第六节　北朝度量衡

北朝度量衡增讹之率，远甚于南朝，其因，即在多取于民，北朝贪政甚于南朝之故。前第二节引王国维之论，已可见其概略。南朝尺度之增，较新莽制不及寸，量衡亦不过倍。而北朝则不然，尺度增二寸至三寸以上，量衡增二倍至三倍之间，其贪政之甚，即此可见一斑。

《隋书·律历志》载，第七、八、九三等尺，为后魏前、中、后三尺，其比晋前尺：由一尺二寸七厘，而一尺二寸一分一厘，至一尺二寸八分一厘；三尺均比新莽制增二寸以上。其时南朝俗间所行用增讹之尺亦有三，可与后魏三尺相较：其一，为晋后尺，其二，为宋氏尺，传入齐梁陈，其三，为梁俗间尺。此三尺比晋前尺：由一尺六分二厘，而一尺六分四厘，至一尺七分一厘；均比新莽制所增不及一寸，此二者增讹之差点一。北朝后魏三尺间之增率，中尺比前尺增四厘，后尺比中尺增七分。而南朝三尺间之增率，宋氏比晋后增二厘，梁俗比宋氏增七厘，又比北朝所增者少。此二者增讹之差点二。于是可知北朝尺度增讹远甚于南朝，盖根本无有定制者。孔颖达《左传正义》曰："魏齐斗称于古二而为一，周隋斗称于古三而为一。"此又可见量衡之数，增讹尤甚于度也。

北朝对于尺度之制，亦曾经考定，然其考定之长度，较增讹者尤长。《隋书·律历志》载，第十等东后魏尺，实比晋前尺一尺三寸八毫（《隋志》原载为"一尺五寸八毫"，"五"字为"三"字之误，见下第八节之四）。其说明曰，《魏书·律历志》云："永平中，崇更造新尺，以一黍之长累为寸法；寻太常卿刘芳受诏修乐，以秬黍中者，一黍之广即为一分；而中尉元匡以一黍之广，度黍二缝，以取一分；三家纷竞，久不能决。太和十九年，高祖诏以一黍之广，用成分体，九十黍之长，以定铜尺。有司奏从前诏，而芳尺同高祖所制，故遂典修金石，迄武定末，未有谐律者。"观此，可知此尺度原定于后魏孝文帝太和十九年（民元前一四一七年）用横累黍所定。至后有纵累、横累、斜累三法不同，尺度自有长短，有司以横累之法，合孝文帝之诏，故奏从前诏，以之典修金石。所谓"有司奏从前诏"，此有司之奏，为东后魏之世，故曰东后魏尺。此亦为北朝考定尺度之制，非仅仍增讹之例者。

晋荀勖考定尺制，所校古法有七品。梁武帝考定尺制，取法有三，而所校古器仅有一，其三为累黍。后魏考定尺制，则仅凭累黍，其法自不如前之密。故所考得之尺，失之太长，然较之仅仍增讹之例者，则又胜一着。

《魏书·律历志》曰："景明四年（民元前一三〇九年）并州获古铜权，诏付崇以为钟律之准。永平中，崇更造新尺，……"考前言公孙崇造新尺，即以此古铜权为准。此古铜权，即《隋志》所载"后魏景明中，并州人王显达献古铜权一枚"者，是乃新莽之权器。《隋志》曰："其时太乐令公孙崇依《汉志》先修称尺，及见此权，以新称称之，重一百二十斤。新称与权合若符契。"据此，可证后魏权衡之制，实与新莽制合。然则新莽度量之制，自后汉以后，已代有增益，其权衡之制，自后汉至南北朝，均无变更耶？

北齐承东后魏之政，故北齐之尺制，亦承东后魏之尺度。《隋志》第十等尺又说明曰："齐朝因而用之"，此所谓齐朝，自指北齐而言。孔颖达《左传正义》曰："魏齐斗称于古二而为一"，此亦指北朝之魏齐。孔氏言量衡，魏齐并称，周隋亦并称，故孔氏之谓魏齐，即北朝之魏齐。又《隋志》言量衡，系齐梁陈并称，自系指南朝。而《隋志》所载之数，与孔氏所言之数，不同，即南朝北朝之别也。《魏书·太祖本纪》："天兴元年……八月，诏有司……平五权，较五量，定五度。"天兴元年（民元前一五一四年）乃后魏兴国之后第十三年，其时尚在后魏初纪，实用之尺度，尚系前尺，而其平权，校量，定度，盖非依前尺，或系全依新莽之制考之。不过虽有此诏，实际并未实行，其实用之尺，仍相继为前、中、后三尺。又《高祖本纪》："太和十九年六月……戊午，诏改长尺大斗，依《周礼》制度，班之天下。"所谓长尺，即东后魏尺之度，大斗即二倍于古之量。不过当时诏令，是否即能实行，盖尚未必，不然，何以高祖诏颁之长尺，而《隋志》注为东后魏尺？此可见长尺大斗，自东后魏始见诸实行，至北齐因而用之。又考后魏景明中，获莽权与后魏新称合，景明已在太和之后，则太和十九年诏改长尺大斗，权衡必未改制，故孔氏言魏齐之量衡，实自东后魏为始，而有魏齐之升斗与斤两之制二倍于古之记载。而齐朝度量衡之器，本承魏之遗。故二朝之器相承，无有变更，则可断定。

　　后魏前、中、后三尺，自后魏初已用，至西后魏所用者，盖只为后尺。北周承西后魏之制，其尺度即用后尺，此亦为仍增讹之惯例，而行用之，非考定之制。后魏后尺，因北周用之，故《隋志》又称曰后周市尺，而其说明亦曰："后周未用玉尺之前，杂用此等尺。"

北周行用玉尺，实为北朝尺度重大之改革，亦为本时期自后魏后第四次考定尺度之制。《隋书·律历志》曰："后周武帝保定中，诏遣大宗伯卢景宣、上党公长孙绍远、歧国公斛斯徵等，累黍造尺，从横不定。后因修仓掘地，得古玉斗，以为正器，据斗造律度量衡，因用此尺，大赦，改元天和，百司行用，终于大象之末。"观此，可知北周武帝确曾考定尺制，惟亦仍累黍之法，故纵横不定。而其考定之关键，则在掘得古玉斗，因以造度量衡，并改元天和（民元前一三四六年），盖以其中天之和。惜其行用之范围，仅限于官司，而民间行用者，盖仍为市尺，故隋兴，得以周市尺，命为官尺，参见前第一节。

北周量衡，亦依玉斗改制。《隋书·律历志》曰："后周武帝保定元年（民元前一三五一年）辛巳五月，晋国造仓，获古玉斗，暨五年乙酉冬十月，诏改制铜律度，遂致中和，累黍积龠，同兹玉量，与衡度无差，准为铜升，用颁天下。"于此更知北周因得古玉斗，更造铜质度量衡标准器，颁发天下，以为定制。此北周第一次改制颁行。然其尺之制，仍参以累黍积龠之法。铜升上错一铭，文曰："天和二年丁亥正月癸酉朔十五日戊子校定，移地官府为式。"玉斗亦加一铭，文曰："维大周保定元年，岁在重光，月旅蕤宾，晋国之有司，修缮仓廪，获古玉升，形制典正，若古之嘉量，太师晋国公以闻，勅纳于天府；暨五年岁在协洽，皇帝乃诏稽准绳，考灰律，不失圭撮，不差累黍，遂熔金写之，用颁天下，以合太平权衡度量。"

北周以玉斗改制：其度一尺，得晋前尺一尺一寸五分

八厘；量一斗，内径玉尺七寸一分，深二寸八分，积一一
〇·八五七六三九二立方寸（《隋书·律历志》载称："玉
升积玉尺一百一十寸八分有奇，斛积一千一百八寸五分七
厘三毫九秒"，依现在通用圆周率计得之数，与此所差亦至
微，兹以现在计得之数为准）；衡四两，当古称四两半。在
改制之先，其时增讹之市尺，实长晋前尺一尺二寸八分一
厘。保定中虽然得此古玉斗，但其制为尺度，仍参以累黍
之法，此其一；而考定一制，必不离现实，当时实用之尺，
增率既长至二寸八分以上，其考定之尺，仅长至一寸五分
以上，此在当时考定者，固以为正度，此其二；故玉尺之
度，较新莽尺仍长至一尺一寸五分八厘之数。至所谓古玉
斗，以量衡二制观之，或为新莽以后之物：玉斗一升之容
积，较莽量所大不过一二·四公撮，增率仅为百分之六；
而衡四两，当古四两半，所谓古者，即莽之制（参见下第
八节之一）。则是依玉斗量衡之制，所增于莽者，并不多，
而尺度之增，实由当时市尺之度，已太长故也。

又《隋书·律历志》曰："甄鸾《算术》云：'玉升一
升得官斗一升三合四勺'，此玉升大而官斗小也。"此谓官
斗当系北周未改玉斗制以前所行用之官斗，其量又小于玉
斗之制。官斗一升，实合玉斗一升一百三十四分之一百。

北周统一北方之后，尺度又改制，而行用铁尺，量衡
则仍旧。《隋书·律历志》载，第十二等尺后周铁尺同，其
说明曰："周建德六年（民元前一三三五年）平齐后，即
以此同律度量，颁于天下。"又曰："后周玉斗，并副金错
铜斗，及建德六年金错题铜斗，实同。"此为北周第二次改

制，颁布施行。其所改者，仅尺度之制，量制虽另造铜斗，但一仍玉斗之制，即以此铁尺铜斗，颁于天下，故曰"同律度量"。其不言衡者，盖权衡则仍玉权之制，而未另为制造颁发耳。

铁尺之度，亦由考定者。《隋书·律历志》曰："宣帝时达奚震及牛弘等议曰：'窃惟权衡度量，经邦懋轨，诚须详求故实，考校得衷。谨寻今之铁尺，是太祖遣尚书故苏绰所造，当时检勘，用为前周之尺，验其长短，与宋尺符同，即以调钟律，并用均田度地，……'"是盖铁尺之度，定于周初，用以调钟律，并均田度地，皆朝廷行用者。至建德六年，始以之颁于天下。北周铁尺与宋尺符同，实比晋前尺一尺六分四厘，铁尺一尺二寸，为市尺之一尺。北周民间行用之尺，初本用市尺，至是改用铁尺，盖以其度合于南朝，而前此之尺度，增讹太甚，故以之颁于天下。此又为北朝尺度第二次大改革：第一次，由一尺二寸八分一厘，改为一尺一寸五分八厘；第二次，改为一尺六分四厘。至是南北两朝之尺度，已属相同，即其增讹之率，一除北朝剧速增加之变态也。

第七节　隋代度量衡

隋承禅北周之政，尺度一仍北周之制。《隋书·律历志》曰："及开皇初，著令以为官尺，百司用之，终于仁寿。"又曰："既平陈，上以江东乐为善，曰：'此华夏旧声，虽随俗改变，大体犹是古法。'祖孝孙云：'平陈后，废周玉尺律，便用此铁尺律，以一尺二寸即为市尺。'"据此，可知隋平定北方之后，以北周市尺颁布施行；平定南方之后，以北周铁尺合南北两朝之度，故以之调律，官民实用之尺，则仍为市尺之度。即隋之官民，（北周市尺）为律尺（北周铁尺）之一尺二寸。此铁尺律，较当时所谓古法，即新莽之制，所增有限，故曰："虽随俗改变，大体犹是古法。"所谓"随俗改变"者，即增讹之意，谓非由于考定之制者。又祖孝孙谓"平陈后，废周玉尺律"，盖北周玉尺，自颁布之后，民间并不通行，及传入隋，均仅为调律之用。至隋平定南方之后始废之，而改用铁尺调律，此当为开皇九年（民元前一三二三年）之事。

《隋书·律历志》曰："今太乐库及内出铜律一部，是万宝常所造，名水尺律。实比晋前尺一尺一寸八分六厘。"调律之尺，开皇九年已改用铁尺，此尺在开皇十年所造，其度较北周玉尺律约长，是盖万宝常造尺之时，又参以玉尺校验。此水尺仅间用以调律，而铁尺并不废。

隋文帝一承当时"随俗改变"之制，至炀帝则好古，大业三年（民元前一三〇五年）四月壬辰，改度量权衡，并依古式。惟炀帝虽称好古，但未有创作，并无定制。其所谓古者，亦当时"随俗改变"之古制，较之新莽则远逊矣。《隋书·律历志》曰："梁表尺……经陈灭入朝，大业中议以合古，乃用之调律，以制钟磬等八音乐器。"盖炀帝以梁表尺乃依铜圭影表所制，其长度比荀勖尺所考定亦谓为合古之尺，所差有限，故以之调律。至是铁尺律必已废，而专用表尺。民间所用当亦以表尺颁布，不过仍多私用开皇官尺，《隋书·律历志》曰，开皇官尺，大业中人间或私用之，即其证也。

《隋书·律历志》曰，开皇以古斗三升为一升，古称三斤为一斤，大业中依复古秤。隋朝仅二世，而量衡之制则有二次大变更，文帝之量衡三倍于古，炀帝复古制。孔颖达《左传正义》曰："周隋斗称于古三而为一"，盖即指隋文帝之世而言。至于北周所用为玉称，四两合古之四两半，所大于古者，仅八分之一，所谓"于古三而为一"，必非周制；不然，《隋志》何以无此文？此盖因《隋志》谓文帝之斗称于古三而为一，隋承周后，文帝之尺度，本因于周，因是斗称之制，孔氏亦周隋并称也欤？

南北朝度量衡增替之大，紊乱之甚，实至已极。其增替之事，盖又每为官吏之所为，而人民每无所适从。《隋书》谓："熨为铜斗铁尺，置之于肆，百姓便之；上闻而嘉焉，颁告天下，以为常法。"故置斗尺之标准器，而人民有所准，行用为方便矣。

第八节　第三时期度量衡之推证

一　《隋书·律历志》所谓古制之考证

《隋书·律历志》每言及"古制"，但并未说明系何代之制。例如：

（一）荀勖校太乐，八音不和，始知后汉至魏，尺长于"古"四分有余；

（二）梁陈依"古"，齐以"古"升一斗五升为一斗，"古"称一斤八两为一斤；

（三）开皇以"古"斗三升为一升，"古"称三斤为一斤，大业中依复"古"秤。

考后汉本承新莽之遗制，至建初尺度已渐差讹而增长，及至魏世增长四分有余。荀勖校尺：一则曰，后汉至魏尺，长于"古"四分有余；再则曰，中书考古器，所校古法有七品，五曰铜斛，六曰古钱，铜斛古钱，即新莽之制，前已考证。而又明曰：后汉至魏长于"古"，则其所谓"古"者，为自新莽为始，自无疑义。故荀勖所谓古尺者，新莽尺也，此其一。新莽改制，下最大决心，前汉之制已为毁灭无余，而又颁发标准器于各郡，至百份以上，是故直接传于后世之标准器者（出土发见者自为例外），亦为新莽之器。如《隋书·律历志》，即载明新莽嘉量二次传见于魏晋之世，新莽衡权亦二次传见于后赵后魏之世，除新莽之物外，其余掘土发见之物，均未曾断定朝代，此即明证。而所谓依"古"者，倍"古"者，又必依实器校验，则其所用以校验之古器，自必为莽制，此其二。又新莽改制，号称依古，后世亦多以实依古目之，故所谓古，即指新莽之制。如荀勖谓新莽制为古，即其明证，此其三。故《隋志》所谓古制，实即新莽之制。知于此，而后其比较之值，庶得有所依准。

二　由荀勖尺论及周汉制之考证

荀勖依《周礼》制尺，号称合古周之度，并证以魏襄王冢中所得玉律及钟磬。又曰："于时郡国或得汉时故钟，吹律命之皆应"，因是秤其与周汉之器合。关于合周一节，已明于前（第五章第五节之四）。而谓合汉，亦须推证。考荀勖考古器有七品，一曰姑洗玉律，二曰小吕玉律，朱载堉曰："梁武帝《钟律纬》云：'古五律八枚，惟夹钟有题刻，余无题刻'，荀勖求诸无题之姑洗小吕，不能得知何律，比较长短，与彼偶同，吹或应之，因谓相协。"荀勖考古器之第一第二两品，不知出于何代，不能谓为合周或合汉。至其第三第四两品为望臬，前人已谓为新莽之制者。故荀勖之尺，实乃合莽制，非合前汉之制，亦非合古周之制。至以此而谓与周汉两代制合，实属不经之论。

三　南齐升容量之考证

《隋书·律历志》曰："齐以古升五升为一斗。"新莽量制，一升容量合一九八·一公撮，齐制若为莽制之一半，则齐一升仅合九九·一公撮，相当今之一合。然考南北朝之世，度量衡之大小，均有增益，未闻有减少。《隋志》下文有曰："齐以古称一斤八两为一斤。"盖齐制量衡之大小，均为莽制之一倍半，衡制为然，量制亦然。又《隋志》言量衡，梁陈并称，其斗及称均依古，齐之斗及称，自系均为古之一倍半。故齐制一升之容量，为莽制之一升半，即"齐以古升一斗五升为一斗"。今本《隋志》"五升"之上

无 "一斗" 二字者，盖《隋志》非本无 "一斗" 二字，乃后世之漏传。

四 东后魏尺长度之考证

《隋书·律历志》曰："东后魏尺，实比晋前尺一尺五寸八毫。"据马衡考证，五寸之 "五" 字，当作 "三"。尝考一制之立，一事之兴，不可忘记现实，虽极大之改革，及至实施之后，亦必多迁就现实。后魏之后尺，比晋前尺一尺二寸八分一厘。今此东后魏尺度，原制于后魏之中叶，其时实用之尺，或为中尺，最长亦不过为后尺。北朝尺度之增率固甚速，然前中后三尺之增率已甚明显，此东后魏尺长度，即由后尺增长，亦当不至增二寸以上。再，东后魏尺又凭横累黍所定，即在南北朝之世，由累黍定尺或验度，为梁法尺，北周铁尺等，其长度所长于晋前尺者，均不过寸，然此等尺与当时现实之尺度，亦均略相当。今东后魏尺，必当与后魏后尺之度相当，则马衡之考证是，即东后魏尺实比晋前尺一尺三寸八毫。

五 吴大澂蜀汉建兴弩机尺之考证

吴氏藏有建兴弩机一，其形如第一八图所示。

吴氏曰："据其分数，定为蜀汉尺，较周镇圭尺，仅短半分，当时必有所本。"考三国盛行弩机，亦刻分数，此弩机题有建兴八年（民元前一六八二年），当时蜀汉之物。然其分数之度乃三分进度，由三而六而十二者，非十分整分之度。当时刻此度者，未必据当时实用尺度之分数。吴氏

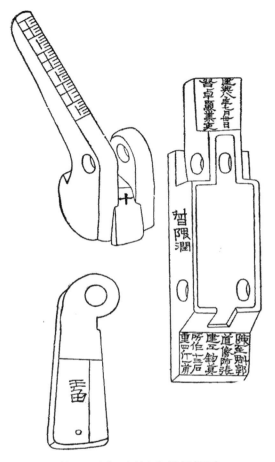

第一八图　蜀汉建兴弩机图

依此弩机，定蜀汉尺度，乃系以其分积十命为寸，由是而
为尺，其长度较古今最短之周尺，犹短半分，据图实测推
其一尺，仅得一九一·六公厘。王国维曰："上虞罗氏旧藏
有章武弩机，其望山上有金错小尺，与建初尺长短略同。"
则建兴时蜀汉之尺度，当不如是之短。吴氏命其分数进十为寸，恐有误也。〔若以其自然分法，十二分为一寸，如《淮南子》纪数以十二之例（十二粟而当一寸，十寸而当一尺），则计其十寸为尺之长度，当合二三〇公分与新莽尺度近同，是尚可证。然建兴是否以十二分命寸，此尚为一疑也。〕

六 仿造晋前尺之考证

王国维曰："世所谓晋前尺拓本，皆出王复斋《钟鼎款识》，国朝（清）诸大家，皆以为是真晋尺。然其铭词，则曰，'周尺、《汉志》刘歆铜尺、后汉建武铜尺、晋前尺，并同'，凡一十九字，与《隋书·律历志》所载晋前尺铭不合。"（荀勖尺铭八十二字，与此不合）此晋前尺据吴大澂摹入之图，如第一九图所示。

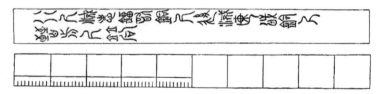

第一九图 宋仿造晋前尺图

吴氏曰："据阮刻王复斋《钟鼎款识》，宋拓本摹入，短于建初六年虑俿铜尺二分强。"吴氏亦据王复斋《钟鼎款识》，并据其摹入图上之铭词，则吴王二氏所谓晋前尺，同此一尺。王氏又曰："且此尺苟为荀勖所制，尤无自称晋前尺之理，疑为宋人仿造。余考之《宋史·律历志》，知即宋高若讷所造《隋志》十五种尺之一。"（参见下第八章第七节）吴氏亦曰："宋拓本摹入"，是为宋人仿造无疑。吴氏谓短于建初六年虑傂铜尺二分强，依虑傂尺图测得之数二三五·四公厘计之，此尺度正合荀勖造尺之长，是盖宋高若讷本用新莽货泉尺寸以仿造者。（据吴氏所摹后汉建初六年尺，与此晋前尺，二尺图长度之间，并不能合"二分强"一语之度，然此不合者，乃摹入时之差）又《宋史·律历志》载："若讷卒用汉货泉度尺寸，依《隋书》定尺十五种上之，藏于太常寺。一，周尺，与《汉志》刘歆铜斛尺、后汉建武中铜尺、晋前尺同。……"此与王吴二氏所记此尺之铭，多"与""斛""中"三字，而少一"并"字。故此尺为宋高若讷所仿制，其长度虽合晋前尺，然非晋荀勖所制者。

第八章　第四时期中国度量衡

第一节　唐宋元明度量衡制度总考

本时期开始为唐代，唐承隋之后，度量衡之制，本仍隋之旧，此乃为本时期与第三时期中国度量衡关键之所在，亦即为本时期度量衡制度之总关键，今考明之。

《唐会要》："武德四年，铸开元通宝钱，径八分，重二铢四絫。"开元钱铸于唐代开国后武德四年（民元前一二九一年），其时未闻有改定度量衡之举。则所谓钱之径及重，必用隋朝旧制，此其一。《唐六典》有积秬黍为度量权衡，然后以一尺二寸为大尺，三斗为大斗，三两为大两。又曰："凡积秬黍为度量权衡者，调钟律，测晷景，合汤药及冠冕之制则用之。内外官司悉用大者。"其言积秬黍者，非唐代之定制，乃后之著书，仿《汉志》之说（参见下第二节）。其所言小制大制，一仍唐初隋之遗制。而隋开皇以北周铁尺调律，以北周市尺为官尺，供官私使用，市尺亦为铁尺之一尺二寸。而隋大业以后以梁表尺调律，表尺议以合古者。又隋开皇以古斗三升为一升，古秤三斤为一斤，大业依复古制。盖唐因隋制，即合用其二代之大小二制，此其二。

考中国度量衡之制，先定度，而后生量与衡，故籍载大多均详于度，而略于量衡。今考唐因隋朝之制，于此合考二证之外，又可专由尺度考之，复得二证（仍参见下第二节）。王国维曰："《宋史·律历志》载：'今司天监影表尺，和岘所谓西京铜望臬者，盖以其洛都旧物也，今以货布、错刀、货泉、大泉等校之，则景表尺长六分有奇，略合宋周隋之尺。由此证之，铜斛货布等尺寸，昭然可验。有唐享国三百年，其间制作法度，虽未逮周汉，然亦可谓治安之世矣。今朝廷必求尺之中，当依汉钱分寸。若以为太祖膺图受禅，创制垂法，尝诏和岘等用影表尺与典修金石，七十年间荐之郊庙，稽合唐制，以示诒谋，则可且依影表旧尺云云'，如是则丁度以宋司天监所用景表为唐尺，其尺当汉泉尺一尺六分有奇，故丁度等谓唐尺略合于周隋之尺。"考唐用小尺测晷景，今此所谓景表为唐尺，比晋前尺一尺六分有奇，正与铁尺律度约相符合，此一证。据朱载堉之论，唐小尺与新莽尺之比，为一〇〇与一·〇八分之一〇〇之比，则唐小尺应合新莽尺一尺八分。而隋铁尺律长，比晋前尺一尺六分四厘，相差一分六厘。此差数并不算大，而当时比较推算，又非十分正确，不可以此差数，而谓为不合，此二证。（如云"开皇官尺，即铁尺一尺二寸"，官尺长比晋前尺一尺二寸八分一厘，则铁尺比晋前尺应为一尺六分七厘五毫，而《隋志》载为一尺六分四厘，此即推算之差。）

　　然不特唐因隋制，即宋亦因于唐制，而明又因于唐宋之制。程文简《演繁露》云："官尺者，与浙尺同，仅比淮尺十八……盖见唐制而知其来久矣，……国朝事多本唐，岂今之省尺即用唐秬尺（秬黍所制之小尺）为定耶？"王国维曰："今观唐六牙尺与宋三木尺（此唐宋之尺见下第九节之二），知程氏之言不诬。"此宋因唐制之一证。唐铸钱计重，改称十钱为一两，宋废铢垒之制，而称钱、分、厘、毫。此宋因唐制之二证。唐以开元钱经为八分，累十二有半，是为大尺，而明亦有钞尺，朱载堉曰："宝钞黑边外齐作为一尺，名曰今尺，明即《唐六典》所谓大尺是也。"此明尺即为唐大尺，是明因唐制之一证。清末重定度量权衡制度斛说曰："今之斛式，乃宋贾似道之遗，元至元间，中丞崔彧上言，遂颁行之，明仍元制。"此明斛即宋之斛，是明因宋制之一证。总之，自唐迄明历代度量衡之大小，实缘于增替之所致，而度量衡之制，则并未曾考定。又其增替之率，并不如南北朝之甚，盖又缘于贪政以南北朝为甚故也。

　　王国维曰："自唐迄今，尺度所增甚微，宋后尤微，求其原因，实由魏晋以降，以绢布为调，官吏惧其短耗，又欲多取于民，故尺度代有增益，北朝尤甚。自金元以后，不课绢布，故八百年来，尺度犹仍唐宋之旧。"盖本时期尺度之增替实甚微。朱载堉曰："以黄钟之长，均作八寸，外加二寸为尺，此唐尺也；以黄钟之长，均作八十一分，外加十九分为尺，此宋尺也。宋尺以大泉之径为九分，今明营造尺即唐大尺，以开元钱之径为八分。宋尺之八寸一分，为今尺之八寸。"据此，可知唐宋明三代之尺度，几完全相同。

何以曰：中国度量衡制度，由第三时期增替，而为第四时期之总关键？盖中国度量衡增替之事，至隋而已极，唐以后历朝对于度量衡行政虽有所设施，而于度量衡制度并未严行考定。唐仍隋之旧，宋以后仍唐之旧，虽其间亦有参差，乃由于实际增替所致，而增率又不比南北朝之甚。总个第四时期中国度量衡制度，导出于第三时期增替之结果，所谓总关键，即在此也。

第二节　唐代度量衡及其设施

唐代度量衡，有大小二制，大制为因于南北朝增替最后之结果，即隋开皇之大制，小制为隋大业议以合古之小制。隋开皇官尺，即北周市尺，乃后魏之后尺，此种尺度，官民公私用之以为然。又隋开皇官斗，以古斗三斗为一斗，官秤，以古秤三斤为一斤，唐承隋之后，以开皇官制，官民已通行，故颁之为大制。而唐代政事，亦每求合于古制，隋大业中已改用小制，尺用梁表尺，斗秤依古，废三倍之大制，故唐又以颁之为调钟律，测晷景，合汤药及冠冕之制，此唐制之大概。可从次之三点观察之。

一，唐政稽求于古，所谓古者，又如何求之？考中国度量衡制度详备于《汉书·律历志》，《唐六典》："凡度，以北方秬黍中者一黍之广为分，十分为寸，十寸为尺，一尺二寸为大尺，十尺为丈。凡量，以秬黍中者容一千二百为龠，二龠为合，十合为升，十升为斗，三斗为大斗，十斗为斛。凡权衡，以秬黍中者百黍之重为铢，二十四铢为两，三两为大两，十六两为斤。凡积秬黍为度量权衡者，调钟律，测晷景，合汤药及冠冕之制则用之，内外官司悉用大者。"是唐亦以《汉志》之说为古，惟只凭积秬黍以为制，故唐代度量衡，根本不可从此中求之。再考其立说之由，一则固由于《汉志》言黍之贻误，二则实由于唐代未曾作实际之考定。其所言积秬黍之法，即依《汉志》凭空作说，以其说合于《汉志》，遂谓为古，而其实合古与否，则未究也。

二，唐小制所谓合古者，可再从此行用方面考求之。第一，谓用以调钟律，是即出于《汉书·律历志》本为定黄钟六律之制之论。第二，谓用以测晷景，此乃出于隋炀帝定梁表尺之制，梁表尺本为测影表者，故唐因隋大业之小制，定其尺为测晷景之用。第三，谓用以合汤药，此乃出于裴頠之说，《晋书·律历志》曰："元康中，裴頠以为医方人命之急，而称两不与古同，为害特重，宜因此改治权衡。"医药用衡权之制，必求合古，故唐以小制定为合汤药之用。第四，谓用以合冠冕，考中国朝廷冠冕礼服之制，每视为大典，必求合古，故唐以小制为合冠冕之用。《古今图书集成》言，"唐时权量是小大并行，太史、太常、太医，用古"者，谓此也。

三，隋有大小二制施行于前后，唐以之颁布并行，而分别使用之范围。唐既承隋制，何以又求于积秬黍以为定？前已言之，盖为著书者凭空作合古之说，非当时实由积秬黍以求之，观其定小制使用范围，已甚明了。故除前四者用小制而外，其余悉用大制。此实由时势转然，非不欲全行小制。隋大业中颁行梁表小尺之制，而开皇官尺之大尺仍通行于人间。《古今图书集成》曰："隋炀帝大业三年四月壬辰改度量权衡，并依古式，虽有此举，竟不能复古，至唐时犹有大斗小斗大两小两之名。"故唐时一面固未考定制度，一面即以此大制已通行，只好适合时势之转移。

唐之大小二制，即隋之开皇大业前后之二制，再从实量方面推求之。

一，唐大尺即隋开皇官尺，比晋前尺一尺二寸八分一厘。唐小尺即隋大业表尺，比晋前尺一尺二分二厘一毫，则唐大尺小尺之比，恰符十与八之比（大尺合小尺之一·二五三尺，小尺合大尺之〇·七九九尺，约为十比八）。唐开元钱径八分者，大尺之八分，合小尺为十分，故开元钱平列十枚为小尺，平列十二枚半为大尺，此大小二尺最精密比较之法。朱载堉曰"唐尺有二种，黍尺以开元钱之径为一寸，大尺以开元钱之径为八分"者，是也。研究唐代大小二制，必须明于唐因隋朝前后二代之定制。故唐黍尺所谓小尺者，乃出自大业之表尺，非北周遗制之铁尺。不过大业之表尺，传入于唐，后世又有增讹，故唐小尺之长度，实较大业之尺度为长，而与北周之铁尺，长短近同。此乃增替后而相近同，但唐小尺之制非导出于铁尺。《唐六典》谓："一尺二寸为大尺。"二寸乃大尺之二寸，大尺实合小尺一尺二寸五分，小尺为大尺之八寸，八寸而加二寸，故曰一尺二寸为大尺。又唐大小二尺，与新莽尺之比，为

一二五及一〇〇与一·〇八分之一〇〇之比。而隋开皇之
官尺及大业表尺，与晋前尺之比，为一二八·一及一〇
二·二一与一〇〇之比。此二者比例不能相通，即唐尺之
长度，实际又有增于隋也。且（一）晋前尺制定之时，虽
用新莽嘉量度数校正，而嘉量之器制造并不精准，以之定
度，根本有差；（二）开元钱铸造之时，径度亦非完全正
确，于是由钱径考定尺度，亦非得中；（三）比较之差讹，
所谓寸寸而累之，又不能无稍赢余；（四）推算之差误，如
李氏所据推算之数不准，而彼此推算又非一律。总之，唐
大小二制，系出自隋开皇大业前后之大小二制，而比数不
符者，增讹所致。然隋制依隋尺实度比得，唐制依唐钱实
径校得，两朝之度量，不必强求之合，而两朝之制度，则
不可不证其相承也。

　　二，唐大斗大秤，即隋开皇三倍之制，唐小斗小秤，
即隋大业合古之制。隋制斗秤实量已不可考，而唐制斗量
亦不可考。前章已推证古制实即新莽之制，唐小斗小秤及
隋大业之制，当合新莽量衡之制，唐大斗大秤及隋开皇之
制，当合新莽量衡三倍之制。不过增替之讹，考校之差，
在所不免，斗量既无从考实，即依莽制决定。而唐代衡之
重量，则可由开元钱校之，前第二章第五节已言及，吴大
澂校得唐钱一两即合清库平之制，此实不诬。《古今图书集
成》亦曰："唐武德四年铸开元通宝钱，重二铢四象，积十
钱重一两，得轻重大小之中，所谓二铢四象者，今清一钱
之重。"是故唐之衡一两，实重三七·三〇一公分，而新莽
权衡一两合一三·九二〇六公分，所谓三倍，实尚不及，

此由增替之讹，非制之改变。

唐代大小二制并行，所谓小尺为大尺十之八，小斗为大斗三之一，及小两为大两三之一，此又可证之于唐宋人之言。如唐人杜佑《通典》、宋人程文简《演繁露》等均然也。杜氏曰：六朝量三升当今一升，秤三两当今一两，尺一尺二寸当今一尺。六朝者，吴、东晋、宋、齐、梁、陈，而晋、宋、梁、陈，均行古制，仅齐制大于古。则杜氏以唐制与六朝制比较，实即无异与新莽制比较。量衡三倍之说，不待再证。六朝尺度之制，为由一·〇四七，而一·〇六四，而一·〇二二一之比例。杜氏所谓六朝当又以最后之尺度为比较，唐大尺即开皇官尺，合一·〇二二一之度尺者之一·二五倍，此即十之八。程氏曰：官尺比淮尺（皆宋尺名）十八，盖见唐制，而知其来久矣，……官尺即唐之秬尺。则程氏明以唐大尺小尺为十八之比者也。

唐初度量衡，本于隋开皇之制，而参依《汉志》积秬黍之说，以定为大斗大两大尺之制，见唐初长孙无忌敕撰《唐律疏议》。而著分大小二制，并明定分制行用之范围，则始于唐玄宗御撰《唐六典》之言，其年盖在开元九年（民元前一一九一年），可证之于《演繁露》之言。

唐代对于度量衡行政之设施，亦颇严厉，规定每年定期平校印署，然后始准使用。并定明法律，凡执行平校之人员所校不平，及私作者不平而仍使用，或虽校平而未经官印者，均分别治罪。监校官不觉，及知情者，亦分别论罪。管理度量衡行政之权，属于太府，故规定每年八月，

诣太府寺平校，不在京者，诣所在州县官校。总之，唐代
对于度量衡平准之政，可谓极善，是或因南北朝取民无法，
任意增损，而致官民用器各行其是，弊害特甚，故及唐而
有此严厉律禁之规定欤？

考《唐律》乃由《隋律》增损出入，号称得古今之
平，故宋世多采用之，明清律例，亦以为本。则观于《唐
律》中度量衡之律令，而于宋明之制，当可思过半矣。

《唐律疏议·杂律》"校斛斗秤度"之文，录之于下：

（一）校斛斗秤度不平

诸校斛斗秤度不平，杖七十，监校者不觉，减一
等，知情与同罪。

《疏议》曰：校斛斗秤度，依关市令，每年八月诣
太府寺平校，不在京者，诣所在州县官校，并印署，
然后听用。其校法杂令：量，以北方秬黍中者，容一
千二百为龠，十龠为合，十合为升，十升为斗，三斗
为大斗一斗，十斗为斛；秤权衡，以秬黍中者，百黍
之重为铢，二十四铢为两，三两为大两一两，十六两
为斤；度，以秬黍中者，一黍之广为分，十分为寸，
十寸为尺，一尺二寸为大尺一尺，十尺为丈。有校勘
不平者杖七十，监校官司不觉，减校者罪一等，合杖
六十，知情与同罪。

（二）私作斛斗秤度

第一条　诸私作斛斗秤度不平，而在市执用者，
笞五十，因有增减者，计所增减准盗论。

《疏议》曰：依令，斛斗秤度等，所司每年量校印署充用。其有私家自作，致有不平而在市执用者，笞五十，因有增减赃重者，计所增减准盗论。

第二条　即用斛斗秤度，出入官物而不平，令有增减者坐赃论，入己者以盗论，其在市用斛斗秤度虽平，而不经官司印者，笞四十。

《疏议》曰：即用斛斗秤度，出入官物，增减不平，计所增减，坐赃论，入己者，以盗论，因其增减得物入己，以盗论，除免倍赃依上例。其在市用斛斗秤度虽平，谓校勘讫，而不经官司印者，笞四十。

唐代度量衡之制作，无可考。又如《唐会要》云，"大历十一年（民元前一一三六年）十月十八日太府少卿韦光丰奏请改造铜斗斛尺称等行用"，可知法律虽严，校勘难准，故请改造铜质之器，是或亦为标准器也。又《南部新书》："柳仲郢拜京兆尹，置权量于东西市，使贸易用之，禁私制者，北司史入粟违约，仲郢杀而尸之，自是人无敢犯。"于此又可知当时私作度量衡，必仍暗中行使，故置公量于市，以为公用，又禁私作。此为置公用器之制。

第三节　五代度量衡

五代之世，天下混乱，未遑制作。其世官民所行用之器，乃仍唐之旧制，必无疑义。

《宋史·律历志》曰："今司天监圭表，乃石晋时，天文参谋赵延义所建。"又曰："今司天监影表尺，和岘所谓西京铜望臬者……今以货布、错刀、货泉、大泉等校之，则景表尺长六分有奇。"则是后晋所造圭表之尺度，当系依唐小尺为之，其尺比新莽尺长六分有奇。唐初小尺之长度，延至唐末，已有差讹，晋造圭表，亦未必无差，而宋人之比较，又未必精准，故后晋造圭表，乃依唐测晷景之小尺之制，不过长度又有讹致。

后周王朴亦累黍造尺，以尺定律，宋谓之"王朴律准尺"，比新莽尺长二分有奇。于此可证后周律尺，一本唐小尺之度。王朴虽用累黍之法，而其用以校验其尺度者，必为唐律尺之度。《宋会要》曰："五代之乱，大乐沦散，王朴始用尺定律。"又曰："王朴刚果自用，遂专恃累黍。"《宋史·律历志》："王朴律准尺，比汉钱尺寸长二分有奇。"观此，亦可明五代尺度制之概略。

第四节　宋代度量衡及其设施

宋代度量衡，一承唐之大制，其量之大小，虽有些微之差异，乃由于器具实量增损之讹。度量衡三制之中，亦以度制为最易证实。《律吕新书》载，谓由《温公尺图》，宋太府布帛尺，比晋前尺一尺三寸五分。考宋代度量衡行政，亦属于太府，此太府布帛尺度，即宋代传统之制度。唐大尺比新莽尺亦为一尺三寸五分（唐大尺与新莽尺之比，为一二五与一·〇八分之一〇〇之比），是唐宋二代尺度，实属相等。朱载堉曰："宋太府尺之八寸一分，为今明营造尺即唐大尺之八寸。"则知宋尺当短于唐尺一分余。考宋尺以大泉之径为九分，唐尺以开元钱之径为八分，故唐宋二朝尺度，并非完全相同。而《温公尺图》载宋尺之比数，系依实器比得，虽合唐尺之比数，但非为制之本。

宋太府定制之尺，本于唐大尺，而民间则并用唐大小二尺。程文简《演繁露》云：浙尺仅比淮尺十八，盖见唐制（指唐有大小二制者），而知其来久矣。王国维曰："淮尺虽略长于唐大尺，而岁久差讹，与制法疏拙，略有异同，亦固其所，且唐有大小二尺，而官私用大尺，宋有淮浙二尺，而缯帛用淮尺，二尺之间，其差皆十与八之比，则宋尺承用唐尺明矣。"按此浙尺淮尺，乃宋民间用尺之名，其长度与唐大小二尺合（参见下第九节之三）。又宋官帛用淮尺，是即太府布帛尺。观此，足以证宋尺乃出于唐制者（非谓与唐尺完全无差）。

沈括《梦溪笔谈》曰："予考乐律，及受诏改铸浑仪，求秦汉以前度量斗升，计六斗当今一斗七升九合，秤三斤当今十三两，为升中方古尺二寸五分十分分之三，今尺一寸八分百分分之四十五强。"考沈括之《笔谈》，已在宋之中叶，其时实用之器量又有增益。所谓求秦汉以来度量，其当有实物为依据，又必系指新莽之制。新莽尺与宋尺之比，为一八·四五与二五·三之比，依此以求宋尺，合清营造尺（为与下第九节所据以清营造尺，为比较之主故也）九寸八分七厘三毫，较前第三章所定宋尺之度（合清营造尺九寸六分），长二分七厘，此为器量之讹，非制度有异。又宋一斗当莽一斗之一·七九之六倍，即三·三五二倍，较唐之三倍于古者，又大〇·三五二倍。又宋之一斤当莽一斤之〇·八一二五之三倍，即三·六九二倍，较唐之三倍于古者，又大〇·六九二倍。然考唐之一斤，已等于清库平之制，若宋又大于唐，相沿而下，清制必不致反小于宋，此中必有错误，或沈氏当时所据以为比较之物，非前代度量衡实器，而以算数之术求之者乎？再考宋代权衡改制（参见下第六节），实本于唐开元钱之制，又《癸巳存稿》亦云"宋以开元钱十枚为一两"，则宋之斤两重量，实与唐同，亦与清同。而量之容量大小，最难准确，则宋之量大于唐之量，自又为意中事。

宋代于度量衡之设施，可于《宋史》中见之。今汇录于下，并加考证。

（一）"宋既平定四方，凡新邦悉颁度量于其境，其伪俗尺度逾于法制者去之。乾德中，又禁民间造者，由是尺度之制，尽复古焉。"考此文之上，尚有曰："审度者，本起于黄钟之律，以秬黍中者度之，九十黍为黄钟之长，而分、寸、尺、丈、引之制生焉。"朱载堉曰："宋李照范景仁魏汉津所定律，大率依宋太府尺，黄钟长九寸。"又曰："宋黄钟在宋尺为九寸。"据此，则宋初所颁尺度，即宋太府尺，而其他通俗尺度均废之，并禁私造。所谓尽复古者，盖指伪俗之尺之已尽去，民又无私造，尺度之制已划一，而尽用太府尺。此太府尺当即由唐太府寺传入者，故曰复古。

（二）"太祖受禅，诏有司精考古式，作为嘉量，以颁天下。……凡四方斗斛不中式者皆去之。嘉量之器，悉复升平之制焉。"其所谓精考古式者，当系唐代嘉量之器。

（三）"建隆元年（民元前九五二年）八月，诏有司按前代旧式，作新权衡，以颁天下，禁私造者。及平荆湖，即颁量衡于其境。"所谓按前代旧式，当即为唐代旧式。《玉海》："建隆元年八月十九日丙戌，有司请造新量衡，以颁天下；诏精考古制，按前代旧式作之，禁私造者。"《玉海》之言，可相通。盖太祖恐制作无定式，故诏精考前代旧代，自为唐代之旧式也。

（四）"淳化三年（民元前九二〇年）三月三日诏曰：'《书》云，协时月正日，同律度量衡。所以建国经而立民极也。国家万邦咸乂，九赋是均，顾出纳于有司，系权衡之定式。如闻秬黍之制，或差毫厘，锤钩为奸，害及黎庶，宜令详定称法，著为通规。'事下，有司监内藏库崇仪使刘承珪言：'太府寺旧铜式，自一钱至十斤，凡五十一，轻重无准，外府岁受黄金，必自毫厘计之，式自钱始，则伤于重。'遂寻究本末，别制法物。至景德中，承珪重加参定，而权衡之制益为精备。其法盖取《汉志》子谷秬黍为则，广十黍以为寸，从其大乐之尺，就成二术，因度尺而求厘，自积黍而取絫，以厘絫造一钱半及一两等二称。"据此，可知宋太祖虽颁度量衡之式，然权衡仍无准则，故太宗复诏定权衡之式。至真宗景德（民元前九〇八年—民元前九〇五年）中，刘承珪始考定：以度尺定分厘之名，由积黍求铢絫之量。所谓"就成二术"者，即其下文，"因度尺而求厘，自积黍而取象"之意。而太府寺旧铜式（即今之砝码），起自一钱，此即宋因唐制之明证，唐制十分两，命曰钱，宋沿用之。而刘承珪以自钱始，则伤于重，必自毫厘计之。毫厘者，为度尺以下之名（在当时已视厘毫之名，为度名，故曰"因度尺而求厘"），欲权衡制度之精备，亦须因度尺而求厘以下之命分，自积黍以定其重量之准则。此种命分准则之法，详见下第六节。所谓从其大乐之尺，即自黄钟而生之太府尺者是也。

（五）"景祐二年（民元前八七七年）九月十二日，依新黍定律尺；每十黍为一寸。"考此所定之尺，于景祐三年丁度等上议：以"黍有长圆大小，岁有丰俭，地有硗肥，一岁之中，一境之内，取以校验，亦复不齐，……再累成尺不同，其量器分寸，既不合古，即权衡之法，不可独用"，诏罢之。

（六）"绍兴二年（民元前七八〇年）十月丙辰，班度量权衡于诸路，禁私造者。"此为南宋高宗之事。

观前纪之文，可知宋代度量衡行政，采官制之制，禁私造，是即因唐之遗法。而其所颁度量衡之器，一采唐朝旧式，不过新制造耳。

宋代管理度量衡行政之权，亦属于太府，所有内外官司及民间需用，均由太府掌造。但校印非每年举行，凡遇改元之年，印烙器具。而印分方、长、八角三种。《宋史·律历志》曰："度量权衡，皆太府掌造，以给内外官司及民间之用，凡遇改元，即差变法，各以年号印而识之。其印面有方印、长印、八角印，明制度而防伪滥也。"

第五节　宋代权衡之改制及颁行

宋刘承珪制二称，为权衡改制之新法，亦为中国度量衡史上权衡重大之改革。其改制之由，乃为"太府寺旧铜式，自一钱至十斤，凡五十一，轻重无准，外府岁受黄金，必自毫厘计之，式自钱始，则伤于重，……"考南北朝以前出纳赋税，均为粟帛，故以斛斗丈尺计量。后改为钱粮之制，乃用金银出纳，故以权衡计重，计金银之重量，必及小数，而铢絫计两，非十进，计算又不方便。故刘氏"就成二术，因度尺而求厘，自积黍而取絫，以厘絫造一钱半及一两等二称"，以厘制及絫制定分量。用者从厘制，久而絫制废矣。

《宋史·律历志》曰："二称各悬三毫，以星准之。等一钱半者，以取一称之法，其衡（衡者取平，即秤之杆）合乐尺（从其大乐之尺）一尺二寸，重一钱，锤重六分，盘重五分；初毫星准半钱，至梢总一钱半，析成十五分，分列十厘；中毫至梢一钱，析成十分，分列十厘；末毫至梢半钱，析成五分，分列十厘。等一两者，亦为一称之则。其衡合乐分尺一尺四寸，重一钱半，锤重六钱，盘重四钱；初毫至梢，布二十四铢，下别出一星，等五絫；中毫至梢五钱，布十二铢，列五星，星等二絫；末毫至梢六铢，铢列十星，星等絫。以御书真草行三体淳化钱，较定实重二铢四絫为一钱者，以二千四百得十有五斤为一称之则。其法初以积黍为准，然后以分而推忽，为定数之端。故自忽、丝、毫、厘、黍、絫、铢，各定一钱之则。忽万为分，丝则千，毫则百，厘则十，转以十倍倍之，则为一钱。黍以二千四百枚为一两，絫以二百四十，铢以二十四，遂成其称。称合黍数，则一钱半者，计三百六十黍之重，列为五分，则每分计二十四黍，又每分析为一十厘，则每厘计二黍十分黍之四，每四毫一丝六忽有差为一黍，则厘絫之数极矣；一两者，合二十四铢为二千四百黍之重，每百黍为铢，二百四十黍为絫，二铢四絫为钱，二絫四黍为分，一絫二黍重五厘，六黍重二厘五毫，三黍重一厘二毫五丝，则黍絫之数成矣。其则用铜而镂文，以识其轻重。"

欲明二术之用，先将二称之构造，表明如第四四表：

次解释其说明：

（一）一称为十五斤，合二百四十两，即二千四百钱。故曰："二铢四絫为一钱者，以二千四百得十有五斤为一称之则。"由斤进称。为"一五"之倍数；由两钱进称，为"二四"之倍数。

（二）厘毫进位法：1 钱 = 10×1 分 = 10×10 厘 = 10×100 毫 = 10×1000 丝 = 10×10000 忽（以分而推忽，为定数之端）

絫黍进位法：1 两 = 24 铢 = 240 絫 = 2400 黍（初以积黍为准）

（三）等一钱半之称量，为"一五"分，计三百六十黍，每分"二四"黍，每厘"二四"黍，故曰"以取一称之法"。

第四四表　宋代权衡改制之二称二构造表

称量	杆长	杆重	锤重	盘重	初毫			中毫			末毫		
					起量	分量	末量	起量	分量	末量	起量	分量	末量
一钱半	一·二尺	一钱	六分	五分	○·五钱	一厘	一·五钱	○	一厘	一钱	○	一厘	○·五钱
一两	一·四尺	一·五钱	六钱	四钱	○	五豪	二四铢（一两）	○	二豪	一二铢（五钱）	○	一豪	六铢

（四）等一两之称量，为"二四"铢，计二千四百黍，二百四十黍计为絫，"二四"絫为钱，"二四"絫为分，故曰"为一称之则"。

至此二术之用已明，此为中国度量衡史上权衡改制，由絫黍改为厘毫，古今重大之改革。既用二术，制成新制之二称，遂颁发于内外府司四方应用。又比用大称，悉由黍絫，而齐其斤石，不得增损。又令每用大称，悬称于架，人立以视，不得抑按，因是奸弊无所指，中外以为便。《宋史·律历志》曰："新法既成，诏以新式留禁中。取太府旧称四十，旧式六十，以新式校之，乃见旧式所谓一斤而轻者有十，谓五斤而重者有一。式既若是，权衡可知矣。又比用大称如百斤者，皆悬钧于架，植镮于衡，镮或偃，手或抑按，则轻重之际，殊为悬绝。至是，更铸新式，悉由黍絫而齐其斤石，不可得而增损也。又令每用大称，必悬以丝绳，既置其物，则却立以视，不可得而抑按。复铸铜式，以御书淳化三体钱二千四百暨新式三十有三，铜牌二十，授于太府。又置新式于内府外府，复颁于四方大都，凡十有一副。先是守藏吏受天下岁贡金帛，而太府权衡旧式失准，得因之为奸，故诸道主者坐逋负而破产者甚众。又守藏更代，校计争讼，动必数载。至是，新制既定，奸弊无所指，中外以为便。"

第六节　宋代量之改制

唐以前均以十斗为斛，斛乃五量之大者。然斛之容量，经南北朝增大至三倍后，至宋又有增，已超过三倍以上，而古斛之容量，至宋不过约为宋之三斗，此其一。清末重定度量权衡制度斛说云："今之斛式，上窄下广，乃宋贾似道之遗。"所谓"上窄下广"者，乃上口小，下底大，均方形，是即为截顶方锥形之式（即所谓清之斛式，见下第九章），此其二。今即从此二点，研究宋代对于量之改制。

（一）斛之进位，本为十斗，宋改为五斗。盖因自古均以斛为代表量器之名（如今俗名量器均曰斗然，参见前第四章），古量小，因以古斛之器，视作五斗或二斗五升之器，因此以五斗或二斗五升为斛。然以二斗五升为斛，不过习俗有其用，朝廷定法，则仍以五斗为进位。（二）《汉志》嘉量重二钧。而四钧为石，嘉量之大量为斛，因以二斛为一石。于是又多出"石"之名。此为量法之改制。

古之嘉量斛为圆柱形，宋之容量既大至三倍以上，若仍为圆柱形，则上口大，而难平准。故元中丞崔彧言宋斛之遗式，"口狭底广，出入之间，盈亏不甚相远"，因是而改用截顶方锥形之式。此为量器之改制。

改制后，量器之大者仍为斛，容量为五斗。于是校嘉量斛之容量，所大者不及倍，而得有所平准。因既改以五斗为一斛，则颁另命十斗进位之量名，因"石"为量之名，早见于秦汉之世，又以嘉量之重二钧，二倍之，则四钧为石，与嘉量之大量为斛，亦二倍之，二斛为石之进数相合。故即以十斗为一石。

改斛之进位为五斗，置石为十斗，以补斛名之缺，其法乃始于宋。又改斛之式，由圆形而为截顶方锥形，亦始于宋。此宋代量之改制，亦为中国度量衡史上之一改制关键。

第七节　宋代考校尺度之一般

宋代太府寺旧传之尺，盖即唐尺，此为宋代第一等尺。五代王朴律准尺，传入宋朝，为宋代第二等尺。

宋初太常寺和岘曰："尺寸长短非书可传，故累秬黍求为准的，后代试之，或不符会。西京铜望臬可校古法，即今司天台影表铜臬下石尺是也……影表测于天地，则管律可以准绳。"上乃令依古法，以造新尺。此为宋代第三等尺。

宋仁宗景祐（民元前八七八年—民元前八七五年）中，邓保信、阮逸、胡瑗等奏造钟律。阮逸、胡瑗横累百黍为尺，此为宋代第四等尺；邓保信纵累百黍为尺，此为宋代第五等尺。

皇祐（民元前八六三年—民元前八五九年）中，诏累黍定尺，高若讷以汉货泉度一寸，依《隋书》定尺十五种上之，藏于太府寺，此为宋代第六等至第二十等尺。

徽宗（民元前八一一年—民元前七八七年）时魏汉津《大晟乐书》成，其所定之尺，为宋代第二十一等尺〔此尺本定于哲宗元祐中（民元前八二六年—民元前八一九年）〕。

以上共二十一种尺度，仅第一等尺为宋代施用之尺度。其余仅为考校钟律时所定之尺度，不见于施用。而第六等至第二十等之十五种尺，即《隋志》所载诸代尺度一十五种者，不过为高若讷之重制，非实由南北朝传入之尺也。由前代传入之尺有二，即第一等太府尺，及第二等王朴尺。其第三等、第四等、第五等，及第二十一等四种尺，均为宋朝所造者。今依《律吕新书》将此六种尺比新莽尺之度数，表明于次：

（一）宋太府尺，乃宋尺之正度，比新莽尺一·三五尺。（见《温公尺图》）

（二）王朴律准尺，比新莽尺一·〇二尺。（见《宋史·律历志》）

（三）和岘景表石尺，比新莽尺一·〇六尺。（见《宋史·律历志》）

（四）阮逸、胡瑗横黍尺，比新莽尺一·〇六一一尺。（比太府尺七尺八分六厘，见胡瑗《乐义》）

（五）邓保信纵黍尺，比新莽尺一·二二八五尺。（短于太府尺九分，见邓保信奏议）

（六）大晟乐尺，比新莽尺一·二九六尺。（短于太府尺四分，见《大晟乐书》）

第八节　元明度量衡及其设施

元代度量衡，籍无记载，其所用之器，必一仍宋代之旧。而元代度量衡制度，即谓为宋制，自无不可。

输米进粮，每须于量，元世祖至元二十年（民元前六二九年）崔彧上言："宋文思院小口斛，出入官粮，无所容隐，所宜颁行。"上从之，遂颁行。《元史》谓："世祖……其输米者，止用宋斗斛，盖以宋一石当今七斗故也。"观此可知元实仍宋之制，而量制又增大其量耳。按元至元十三年（民元前六三六年）入宋临安，则所谓取江南，当是指是年也。

明代度量衡，亦承前代之制。惟于实制如何，籍不详载。《明会典》对于度量衡之法式制造行政，历言甚详，而于制度如何，则反不及一言，是即其制度一仍唐宋之制耳。

清末重定度量权衡制度斛说曰："今之斛式，上窄下广，乃宋贾似道之遗，元至元间，中丞崔彧上言，其式口狭底广，出入之间，盈亏不甚相远，遂颁行之，《史》所谓宋文思院小口斛是也，明仍元制。"据此，可知《明会典》所谓颁降斛式，乃宋之遗制。

明代所颁铁斛，据《三通考辑要》谓："依清宝源局量地铜尺，斛口外方一尺，内方九寸，斛底外方一尺六寸，内方一尺五寸，深一尺，厚三分，平称重一百斤；依古横黍度尺，斛口外方一尺二寸八分，内方一尺一寸五分强，底外方二尺五分，内方一尺九寸二分，深一尺二寸八分，厚四分。"清宝源局量地铜尺，当系当时实用之尺，非定制之度，不知其为何种尺度，但又以古横黍度尺言之，考清定横黍律尺之度，每即视为古横黍尺，其长度为清营造尺之八寸一分。今依此横黍尺计之，斛积为三〇八二·八一三四四立方寸，合清营造尺度为一六三八·三三三四五七立方寸，五十分之一为升，应合三二·七六六六九立方寸。

中国度量衡器具之种类，至明已大备，度器有铜尺木尺，量器有斛、斗、升，衡器有称、等、天平、砝码等种。均制样颁发，不准有出入，详见《明会典》，兹照录于次，以见其设施之一斑。

洪武元年（民元前五四四年）令铸造铁斛斗升，付户部收粮，用以校勘，仍降其式于天下。令兵马司，并管市司，三日一次校勘街市斛斗秤尺，并依时估定其物价，在外府州各城门兵马，一体兼领市司。

二年（民元前五四三年）令，凡斛斗称尺，司农司照依中书省原降铁斗铁升，校定则样，制造发直隶府州，及呈中书省转发行省，依样制造，校勘相同，发下所属府州。各府正官提调，依法制造校勘，付与各州县仓库收支行用。其牙行市铺之家，须要赴官印烙，乡村人民所用斛斗秤尺，与官降相同。许令行使。

二十六年（民元前五一九年）定凡使用斛斗称尺，著令木称等匠，记算物料，如法成造。所用铁力、木杉、木版、枋、生铁等项，行下龙江提举司等衙，照数放支。其合用锤钩，行下宝源局督工铸造，如是成造完备，移咨户部校勘收用。凡天下官民人等，行使斛斗秤尺，已有一定法则，颁行各司府州县收掌，务要如式成造，校勘相同，印烙，给降民间行使。其在京仓库等处，合用斛斗秤尺等项，本部校勘，印烙，发行。

宣德七年（民元前四八〇年）令，重铸铁斛，每仓发与一只，永为法则，校勘行使。

正统元年（民元前四七六年）奏准苏松等处，原降铁斛斗升，行南京工部照旧式铸造，给领收掌，以备校勘。又令各处斛斗称尺，府州县正官照依原降式样，校勘相同，官民通行，仍将式样常于街市悬挂，听令比较。令各布政司府州县仓，分岁收粮五十万石，及折收仓库岁收布绢等物十万足以上者，工部各给铁斛一张，铜尺木尺各一把。

景泰二年（民元前四六一年）令工部成造等称天平各四十副，颁给户部及在外收支衙门，掌管用使，其所属衙门，许依式成造应用。

成化二年（民元前四四六年）题准私造斛斗称尺行使者，依律问罪，两邻知而不首者，事发一体究问。

五年（民元前四四三年）以新旧铁斛大小不一，仍令工部照依洪武年间铁斛式样，重新铸造，发江南江北山东河南兑粮去处，令各处兑粮官员，依式置造木斛，送漕运衙门校勘，印烙，给发，交兑，以为永久定规。

十五年（民元前四三三年）令，铸铁斛，颁给江西湖广二布政司，及各兑粮水次；并支粮仓分，校造木斛，印烙收用。其铁斛仍识以"成化十五年奏准铸成永为法则"十三字，及监铸官员匠作姓名于上。

正德元年（民元前四○六年）议准工部，行宝源局，如法制造好铜法子，一样三十二副，每副大小二十个，俱錾"正德元年宝源局造"字号，送部印封，发浙江等处布政司，及各运司，并南直隶府州，各依式样支给官钱，一体改造，颁降用使。

九年（民元前三九八年）议准吏部，拣送谙晓书算吏役四名，填注户部陕西清吏司支科二名，专管拨粮斛，注销清册金科二名，专管盐法，后役满之日，将文卷簿籍，交代明白，方许更替。

嘉靖二年（民元前三八九年）议准京通二仓，合用粮斛，坐粮员外郎将铁铸样斛，校勘修改相同，火印烙记，发仓，仍前二张，送漕运衙门收贮，以后新斛，俱依铁斛，并校定斛样成造。

八年（民元前三八三年）奏准制天平砝码，一样七副，六副分给各司并监收内府银科道官，一副留部堂为式。凡斛户及本部送进内府银两，俱照户部则例，给文挂号，领票关给，预先称验包封，会同该监校收。

令顺天府，将官校称斛，印烙，给送监收科道员各一副，凡解户到部，即领票关给称斛，预先称量，包封，候进纳报完监局各衙门，会同照样校收，以革奸弊。

又令工部宝源局，如式铸造大小铜法子，给发内外各衙门。

二十七年（民元前三六四年）题准行各仓场，照依原降铁斛，置造斛斗，仍置官称，校量平准，一并送巡抚及管粮郎中主事，烙记发用。如有私造斛称，通商作弊，各该管通判不行觉察，一体究罪。其宣府一镇，往时收用市斛，放用仓斛，合行查革，以后收入放出，俱以仓库为准。

四十五年（民元前三四六年）题准南京供用库斛斗升称等，行南京工部，拨匠科造三千八百七十六副。

第九节　第四时期度量衡之推证

一　唐开元钱尺之考证

吴大澂以开元钱十枚平列为一尺，曰开元尺；王国维以开元钱十二有半亦累为尺，曰开元钱尺。此二者尺之制法不同，而命名均同。此应注意。吴氏依开元钱径作十分，是为唐小尺之制；王氏以开元钱径为八分，乃为唐大尺之制。小尺与大尺之比，亦恰与开元钱十枚与十二枚半之比，即所谓小尺为大尺十八。今以开元钱径二四·六九公厘，十二倍半计之，得三〇·八六二五公分，与前第三章所定唐尺之度，相差仅约二·四公厘。

二　唐宋明三代尺度实考

唐尺实器今之可考者，有唐镂牙尺一种。据王国维曰："唐镂牙尺，乌程蒋氏藏，拓本长营造尺九寸四分弱，刻镂精绝，《唐六典》中尚署令注云，'每年二月二日进镂牙尺'，即此是也。"又曰："日本奈良正仓院藏唐尺六，乃日本孝谦天皇天平胜宝八年（当唐至德二年，民元前二五五年）其皇太后献于东大寺者，凡红牙拨镂尺二，绿牙拨镂尺二，白牙尺二，曾影印于东瀛珠光中。余从沈乙庵先生借摹，以今工部营造尺度之：绿牙尺乙长九寸五分五厘，红牙尺乙长九寸四分八厘，白牙尺二均长九寸三分，红牙尺甲与绿牙尺甲均长九寸二分六厘。其最长者，与余所制开元钱尺略同。此云'红牙拨镂尺，绿牙拨镂尺'，并唐旧名。"（将开元钱累得唐大尺，以清营造尺度分之，得九寸六分四厘余，与唐牙尺之最长者九寸五分五厘累同）

宋尺实器今可考者，有木尺一种。据王国维曰："宋钜鹿故城所出木尺三，藏上虞罗氏，以同时掘出之庆历政和二碑观之，是北宋故物也。度以今工部营造尺，其一，长九寸七分，与唐开元钱尺正同，其二，又较长五分，盖由制作麤牾，非制度异也。"

明尺实器今可考者，亦有明嘉靖牙尺一种，据王国维曰："明嘉靖牙尺，拓本长营造尺一尺微弱，武进袁氏藏，侧有款曰'大明嘉靖年制'。"

吾人知一尺之为器，出于制度，而制非由器出。不过由实器以考制度，每可为有力之实证，今观此唐宋明三代尺之实器，若唐及明之牙尺，或出于制度，而若宋之木尺，是否由制出，又属疑问。故今以此三代之尺，作三代尺度之制之一证。准此以推之，唐牙尺之最长者，较唐开元钱尺合清营造尺九寸六分四厘余之度，短约营造尺度之九厘，而较前第三章所定唐尺之度（合清营造尺九寸七分二厘）短一分七厘。今此唐七牙尺间之差，则至二分九厘，据此，足见当时制造在准度上，尚未精密考求。虽七尺皆较短，而反足以证唐尺之制。宋木尺之最短者，较前第三章所定宋尺之度（合清营造尺九寸六分）长一分，而三木尺同时出土，则差至五分，故由此又足以证宋尺之制。明牙尺又较前第三章所定明尺之度（亦合清营造尺九寸七分二厘）长约二分，而嘉靖又去明初一百五十年以上，又当系由实际增替之所致也。

唐宋明三代尺度，能证其各自相合，即足以证三代尺度实出于一制。故世所传尺之器，虽有长短之不齐，乃制不准度，又实际增替，二者之所致，非根本之制度有大不同也。

三 宋三司布帛尺之考证

王国维曰："宋三司布帛尺，藏曲阜孔氏，原尺世未得见，世所谓摹本，长工部营造尺八寸七分强（吴大澂实验考中摹入之度即同此）。"案《玉海》列三司布帛尺，于皇祐古尺（按当即系高若讷依《隋志》造尺十五种者）、元祐乐尺（按当即系魏汉津所造之乐尺）之前，又元丰改官制（按即王安石改新法）后，更无三司使之名，则此尺乃宋初尺。惟诸书所记三司尺，长短颇有异同。程文简《演繁露》谓："浙尺比淮尺十八。"赵与峕《宾退录》谓："省尺者，三司布帛尺也……周尺果当布帛尺七寸五分弱，于今浙尺为八寸四分。"案省尺七寸五分，当浙尺八寸四分，以比例求之，则省尺当浙尺之一尺一寸二分，浙尺当省尺之八寸九分四厘有奇。征之布帛尺摹本，则其八寸九分四厘，略同唐矩尺（唐矩尺合清营造尺七寸七分七厘六毫，宋浙尺合清营造尺七寸七分七厘八毫，故曰宋浙尺略同唐矩尺）。浙尺比淮尺十八。淮尺自当略同唐大尺。则程氏谓浙尺淮尺出于唐尺，其说甚是。尝考尺度之制，由短而长，殆为定例，此三司布帛尺之大于唐矩尺，亦不外此例。唐以大尺四丈为匹，宋以布帛尺四十八尺为匹（据程氏说），增于唐者，已踰十分之一，而民间所用浙尺淮尺，则尚仍唐旧，知此，可以明此布帛尺与唐尺及宋淮浙二尺不同之故矣。是属诚然，宋淮浙二尺，实由唐大小二尺传入于民间者，而宋三司布帛尺，盖本唐小尺增替所致。然宋三司布帛尺，又为宋之三司（即盐铁、度支、户部三司也）量布帛所用，非太府寺布帛尺，即非宋代定制之尺度，不可以宋尺制目之也。

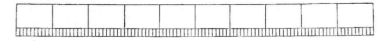

第二○图　宋三司布帛尺图

第九章　第五时期中国度量衡

第一节　清初官民用器之整理

清朝开国之初，百事草创，于明代典章制度，未能完全革新，度量衡之标准，悉本黄钟六律之说，沿袭明朝遗制，并无若何变更；而民间以五方风气不同之故，狃于所习以致行使之度量衡器不能齐同，有种种之差异发生。故在顺治年间，清廷对于度量衡，即已着手整理。

顺治五年（民元前二六四年）颁定斛式。其时因官司出纳，漫无准则，乃颁定斛式，由户部校准斛样，照式造成，发给坐粮厅收粮；又令工部造铁斛二，一存户部，一存总督仓场；再造木斛十二，颁发各省。

十一年（民元前二五八年）饬遵部定砝码；私自增减者罪之。

十二年（民元前二五七年）重订铁斛颁发各省。时题准校制铁斛，存户部一，发仓场、总漕各一，颁发直省各一，布政司照式转发粮道各仓官校制收粮。

十五年（民元前二五四年）定各关秤尺。其时议准各关量船称货，务使秤尺准足，不得任意轻重长短。

清代整理度量衡之计划，虽在顺治年间，即已着手进行，但是我国度量衡制度，自三代而降，屡有变更，以量与权衡之大小，皆由于尺度之长短，尺度之长短，原于定黄钟之各异，又系于累黍之不同，递遗嬗变，数千年来度量衡之名称既差，实制亦异，市侩乘机又复奸诈百出，思欲革除积弊，询非易易；是以康熙嗣位乃有进一步之整理计划。

第二节　清初度量衡制度之初步考订

康熙元年（民元前二五〇年）颁定新砝码。

四十三年（民元前二〇八年）议定斛式，并停用金斗关东斗。

其时清廷曾降旨：以各省民间所用衡器，虽轻重稍殊，尚不甚相悬绝，惟斗斛大小，迥然各别，不独各省不同，即一县之内，城市乡村，亦不相等，此皆伢侩评价之人，希图牟利之所致；又升斗面宽底窄，若稍尖量，即致浮多，若稍平量即致亏损，弊端易生，于民间殊为不便，嗣后各直省斗斛大小作何划一，其升斗样式可否底面一律平准以杜弊端，至盛京金石金斗关东斗亦应一并划一，着九卿詹事科道详议具奏云云。寻由清廷臣工遵旨议定直隶各省府州县所用斛面，俱令照户部原颁铁斛之式；其升斗亦照户部仓斗仓升式样，底面一律平准；盛京金石金斗关东斗，俱停其使用；并铸铁斗铁升各三十具，发盛京、户部、顺天府五城仓场总漕直隶各省巡抚，令转发奉天府、宁古塔、黑龙江等处及各该省布政司粮道府州县仓官，一体通行。

按康熙四十三年议改升斗斛之式样，其斛制上窄下广，乃宋贾似道遗制，史所谓宋文思院小口斛是也，元至元间颁行使用，明朝仍之，清仍明制，以其式口狭底广，出入之间，盈亏不甚相远，且口狭易于用概，可以祛弊也。

五十二年（民元前一九九年）御制《律吕正义》，以累黍定黄钟之制，并制《数理精蕴》定度量衡表。

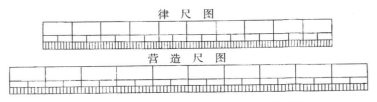

律　尺　图

营　造　尺　图

第二一图　清初工部营造尺与律尺比率图

《律吕正义》曰：黄钟之律有长与围径，则有尺度，然后数立焉，黄钟之声，原未绝于世，而造律之尺独难得其真，《隋志》载历代尺一十五等，其后改革益甚。至《律吕新书》所载：如周尺……等二十余种（参见第八章第七节），然尺者所以度律，而黍者所以定尺，古今尺度虽各不同，而律之长短自不可更，黍之大小又未尝变，故黄钟之分，参互相求而可得其真也。宋李照以纵黍累尺，管容千七百三十黍，空径三分，固失于大；胡瑗以横黍累尺，管容千二百黍，空径三分四厘六毫，亦非真度。《通志》载：夏尺十寸，商尺十有二寸，周尺八寸，自三代而后，尺虽不一，大约长不踰商尺，短不减周尺，今黄钟之长九寸，非夏尺之九寸，商尺之九寸，亦非历代诸尺之九寸，乃本造律度十分之九也。夫以夏尺商尺之度，制为黄钟之龠，其容受逾于千二百黍，固不必言；尝以今尺之八寸为周尺立法，制为黄钟之龠，其容黍又少歉；更以今尺之八寸一分立法，乃恰合千二百黍之分，始知古圣人定黄钟之律，盖合九九尺数之全以立度也。且验之今尺，纵黍百粒得十寸之全，而横黍百粒适当八寸一分之限，明郑世子载堉《律吕精义·审度篇》，亦载横黍百粒，当纵黍八十一粒。又《前汉志》曰黄钟之长以子谷秬黍中者，一黍之广度之，九十分黄钟之长，一为一分，夫度者，横之谓也，九十分为黄钟之长，则黄钟为九十横黍所累明矣。以横黍之度比纵黍之度，即古尺之比今尺，以古尺之十寸为一率，今尺之八寸一分为二率，黄钟古尺九寸为三率，推得四率七寸二分九厘，即黄钟今尺之度也。夫考图而不审度，固无特契之理，审度而不验黍，亦无恰合之妙，依今所定之尺制为黄钟之律，考之于声，既得其中，实之以黍，又适合千二百黍，然则八寸一分之尺，岂非古人造律之真度耶。

按清代康熙年间，既如《律吕正义》所载，躬视累黍布算而得今尺八寸一分，恰合千二百黍之分，遂以横累百黍之尺为"律尺"，而以纵累百黍之尺为"营造尺"，是为清代营造尺之始，举凡升斗之容积，砝码之轻重，皆以营造尺之寸法定之，此在当时科学未兴，旧制已紊之时，舍此已别无良法，沿用数百年，民间安之若素，其考订之功，可谓宏伟。

《数理精蕴》所定度量衡表：

营造尺（以分两定尺寸之准）

赤金每立方寸重十六两八钱。

白银每立方寸重九两。

红铜每立方寸重七两五钱。

黑铅每立方寸重九两九钱三分。

砝码（以寸法定轻重之率）

赤金方寸，白银方寸，红铜方寸，黑铅方寸，与前分两相符，即得部颁砝码等秤轻重之准。

铁升斗斛（以寸法定容积之准）

升方三十一寸六百分。

斗方三百一十六寸。

斛方一千五百八十寸。

两斛为石，方三千一百六十寸。

与上寸数相符，即得部颁升、斗、斛容重之准。

清初度量衡，经过康熙时代之整理与制度之考订，渐有划一之趋势，所以当时有言"市廛之上，闾阎之中，日用最切者，无过于丈尺升斗平法，其间长短大小，亦或有不同，而要皆以部颁度量衡法为准，通融合算，均归画一"云。

第三节　清初具体制度之实现

乾隆六年（民元前一七一年）清帝以官民所用度量衡器，犹未能完全划一，询问群臣，所以未能齐同之原因，会有刑部部臣张照奏称："康熙时代既以斗、尺、称、砝码式样颁之天下；又凡省府州县皆有铁斛，收粮放饷一准诸平，违则有刑；并恐法久易湮，订定度量衡表，载入《会典》，颁行天下，在今日度量权衡犹有未同，并非法度之不立，实在奉行之未能。"遂条陈二事：

（一）命有司照表制造尺、秤、砝码、斗、斛，颁行天下，再为声明违式之禁，务使划一；并令直省将《会典》内权衡表，刊刻颁布，使人人共晓。

（二）立法固当深密，而用法自在得人。度量权衡之制度虽经订定，而官司用之，入则重，出则轻，以为家肥；更甚者转以为国利，行之在上，百姓至愚，必以为度量权衡，国家本无定准，浸假而民间各自为制，浸假而官司转从民制，此历代度量权衡不能齐同之本也，欲期民间之恪守，必先从官司之恪守云。

七年（民元前一七〇年）御制《律吕正义后编》定权量表。

权制，形圆，以寸法定轻重之率，黄铜方一寸，重六两八钱，凡砝码之尺寸，皆列之为表。（详见后节）

量制，形方，以寸法定容积之率，升方积三十一寸六百分，斗方积三百一十六寸，斛方积一千五百八十寸，其升斗斛面底高之尺寸均有规定，虽与《数理精蕴》所定度量衡表之尺寸微异，而其容积则一也。（详见后节）

九年（民元前一六八年）仿造嘉量方圆各一，范铜涂金，列之殿庭。乾隆年间，清廷得东汉圆形嘉量，因考唐太宗时张文收所造方形嘉量图式，仿制方圆形嘉量各一。

嘉量之形式，上为斛，下为斗，左耳为升，右耳上为合，下为龠，其重二钧，声中黄钟之宫，乾隆亲为之铭，并刻方圆度数于其上，备清汉文铭曰："皇帝圣祖，建极宪天，度律均钟，洞契元声，微显阐幽，何天衢亨，小子钻绪，寰区抚临，协时月正日，同律度量衡，兹制法器，列于大庭，匪作伊述，大猷敬承，遵钟得度，率度量成，是为权舆，律偕六英，猗圣合天，天心圣明，七政是齐，为万世法程，如衡无私，如权不凝，如度制节，如量只平，律得环中，绍天明命，永保用享，子孙绳绳，我日斯迈，而月斯征，中元甲子，乾隆御铭。"据《会典》：

嘉量圆制（以营造尺命度，以律尺起量）

嘉量斛积八百六十寸九百三十四分四百二十厘，容十斗，深七寸二分九厘，幂一百十有八寸九分八十厘，径一尺二寸二分六厘二毫。

嘉量斗积八十六寸九十三分四百四十二厘，容十升，深七分二厘九毫，幂一百十有八寸九分八厘，径一尺二寸二分六厘二毫。

嘉量升积八千六百零九分三百四十四厘二百毫，容十合，深一寸八分二厘二毫五丝，幂四百七十二分三十九厘二十毫，径二寸四分五厘二毫。

嘉量合积八百六十分九百三十四厘四百二十毫，容二龠，深一寸九厘六毫，幂七十八分五十三厘九十八毫，径一寸。

嘉量龠积容深为合之半，幂径与合同。

嘉量方制（以营造尺命度，以律尺起量）

嘉量斛积八百六十寸九百三十四分四百二十厘，容十斗，深七寸二分九厘，幂一百十有八寸九分八十厘，方一尺八分六厘七毫。

嘉量斗积八十六寸九十三分四百四十二厘，容十升，深七寸二分九厘，幂一百十有八寸九分八十厘，方一尺八分六厘七毫。

嘉量升积八千六百零九分三百四十四厘二百毫，容十合，深一寸八分二厘二毫五丝，幂四百七十二分三十九厘二十毫，方二寸一分七厘三毫。

嘉量合积八百六十分九百三十四厘四百二十毫，容二龠，深八分六厘九丝，幂百分，方一寸。

嘉量龠积容深为合之半，幂方与合同。

《律吕正义后编》曰："按'周䰝''汉斛'，皆云深尺内方尺而圆其外，度同而容积不同，故先儒皆迁就以为之说，究其所谓方尺者，实不止方尺，故曰旁有庣焉，则其度数亦未为定法也。今以律尺起量，而以营造尺命度，则古今度量权衡同异之数了然可见，斛积八百六十寸九百三十四分四百二十厘，即律尺一千六百二十寸，斗积八十六寸九十三分四百四十二厘，即律尺一百六十二寸，升积八千六百零九分三百四十四厘二百毫，即律尺一万六千二百分，合积八百六十分九百三十四厘四百二十毫，即律尺一千六百二十分，龠积为合之半，即律尺八百一十分也；斛深七寸二分九厘，为黄钟之度，即律尺九寸，斗深七分二厘九毫，为黄钟十分之一，即律尺九分也；升深一寸八分二厘二毫五丝，为黄钟四分之一，即律尺二寸二分五厘也；深除积得幂，而圆径方边数各不同，以幂开平方得方边，以圆积圆径定率比例得圆径，至于合龠，则圆径方边俱为营造尺一寸，在律尺为一寸二分三厘四毫五丝六忽七微九纤，即古尺今尺之异也；以方径自乘而得面幂，以圆径求得圆周，周径相乘四除之得圆面幂，斛深七寸二分九厘，斗深七分二厘九毫，并底厚八厘一毫，共八寸一分，律尺全度也。折尺为寸，而古之寸法在是，累寸为尺，而今之尺法亦在是，则古今度法之同异可见。从度起量，斛容二千龠，其实十斗，以今量法准之，只二斗七升二合余，斗之容积为今二升七合余，升之容积为今二合七勺余，则古今量法之同异可见。从量起衡，斛容二百四十万黍，重一千两，以今之权法准之，止重五百三十一两余，嘉量之体重二钧，计九百六十两，以今权法准之，只重五百十两余，则古今权法之同异可见矣。推原其故，则权量皆自度始，盖律尺为横累百黍之度，营造尺为纵累百黍之度，而横黍尺十寸当纵黍尺八寸一分，古之权量以横黍之度起龠，尺小故权量亦随之而小，今之权量以纵黍之度起龠，尺大故权量亦随之而大。今律尺虽亡，而营造尺则未之有改，明冷谦制律用营造尺，其律固失之长，而权量之法大率由是而起。试以营造尺九寸制为黄钟之管，命其所容为一龠，则二斛十斗之积，当为营造尺三千二百四十寸，命其一龠之重为五钱，则律尺一龠之重当为二钱六分五厘七毫二丝五微，而律尺十斗二千龠之重，当为五百三十一两四钱四分一厘。我朝权量之制，大抵皆仍前明之旧，今考户部量法，二斛十斗之积为三千一百六十寸，比之营造尺起龠者少八十寸，而权法则与营造尺起龠者相合，然则今之权量，其亦有所本矣。"

第四节　清初度量衡制度之系统

清代度量衡制度，经过康熙乾隆两时代之厘定，始有具体制度实现，其行政上之设施属于户部，而以工部制造法定器具，以为统一全国度量衡之标准，考其制度之系统：（一）以纵黍之度制成工部营造尺，以为度制之准；（二）以铁铸成漕斛，以为量制之准；（三）取五金之立方寸为衡制之准，名曰库平；而又以五金立方寸之分两，定营造尺寸法之准，质言之，度量衡之标准，系以纵黍百粒之长度制为营造尺，以营造尺之寸法定容积之率，并取金银铜铅四种金属，制为方寸之立体物，即以此立体之重量定轻重之率；再以此立体之方寸为尺寸之率，此其三者互相为用之标准也。

第四五表　清初度量衡系统表

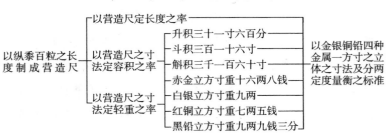

度法：丈（十尺）、尺（十寸）、寸（十分）、分（十厘）、厘（十毫）、毫（十丝）、丝（十忽）、忽（十微）、微（十纤）、纤（十沙）、沙（十尘）、尘（十埃）、埃（十渺）、渺（十模）、模（以下皆以十折）、模糊、逡巡、须臾、瞬息、弹指、刹那、六德、虚空、清净。

尺之种类有二，一种为横黍尺，一种为纵黍尺，考其所定度制，大要一本于律，以累黍定分寸之率，以一黍之广度为一分，横累十黍得横黍尺一寸，以一黍之纵度为一分，直累十黍得纵黍尺一寸，准横黍之度以审乐，存之礼部，是为"礼部律尺"，定纵黍之度以营造，存之工部，是为"工部营造尺"，颁之各省，亦名"部尺"。

营造尺与律尺之比率（见第二一图），即：

营造尺七寸二分九厘，等于律尺九寸（即清定黄钟之长）。

营造尺八寸一分，等于律尺一尺。

营造尺一尺，等于律尺一尺二寸三分四厘五毫。

量法：石（二斛）、斛（五斗）、斗（十升）、升（十合）、合（十勺）、勺（十撮）、撮（十秒）、秒（十圭）、圭（六粟）、粟。

勺以下撮秒圭粟等名称并不恒用，康熙年间议修《赋役全书》，归秒勺之制，断始于勺。量之祖器为铁斛、铁斗、铁升，存之户部，乾隆年间饬工部以铁铸造漕斛，颁之各省。升方形，积三十一立方寸又六百立方分，面底方四寸，深一寸九分七厘五毫（如第二二图）。斗方形，积三百一十六立方寸，面底方八寸，深四寸九分三厘七毫五丝

（如第二三图）。

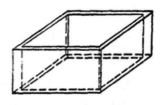

第二二图　清初量器升形图

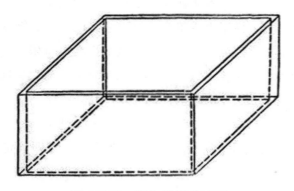

第二三图　清初量器斗形图

斛截方锥形，积一千五百八十立方寸，面方六寸六分，底方一尺六寸，深一尺一寸七分（如第二四图）。

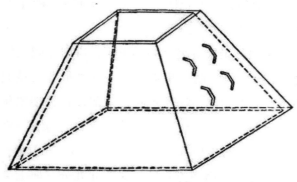

第二四图　清初量器斛形图

据《会典》："户部量铸铁为式，形方，升积三十一寸六百分，面底方四寸，深一寸九分七厘五毫，斗积三百一十六寸，面底方八寸，深四寸九分三厘七毫五丝，斛积一千五百八十寸，面方六寸六分，底方一尺六寸，深一尺一寸七分，此皆以工部营造尺命度者也。斗升皆以方自乘再乘深得积，斛以面方自乘，底方自乘，面方底方相乘，并三数以深乘之，三归得积，斛容五斗，即仓斛也。黄钟之容一千二百黍，律尺量法即嘉量一斛二千龠为十斗，户部量法为五斗，律尺十斗为营造尺方八百六十寸九百三十四分四百二十厘，户部量法一斗为营造尺方三百一十六寸，以户部斗积除律尺斛积得二斗七升二合四勺。"此即户部量与嘉量容积之差数也。全国度量衡局存有户部仓斗一件。

衡法：斤（十六两）、两（十钱）、钱（十分）、分（十厘）、厘（十毫）、毫（十丝）、丝（十忽）、忽，以下并与度法同。

康熙年间，御制《律吕正义》，以古十二铢为今二钱五分，十钱为两，十六两为斤，三十斤为钧，四钧为石，旋以黍铢轻重，古今歧异，复编订度量衡表，取金属之立方寸为衡制之准，名之曰"库平"。又度法衡法毫以下其数至微，并不恒用，乾隆年间定地丁银数以厘为断。

田法：顷（百亩）、亩（积二百四十步）、分（积二十四步）。

顺治十二年（民元前二五七年）定丈量规则，颁布铸步弓尺，凡州县用步弓，依秦汉以来旧制，广一步纵二百四十步为一亩，各旗庄屯田用绳，每四十二亩为一绳（六亩为响七响为绳）。乾隆十五年（民元前一六二年）以部定五尺之弓，二百四十弓为一亩。据《会典》："凡丈地五尺为弓，二百四十弓为亩（亩方十五步又三十一分步之五），百亩为顷（顷方百四十步又三百零九分步之二百八十四）。"《数理精蕴》载："每方里积五百四十方亩等分之即为亩制之一。"又《户部则例》载："每亩直测之为广一步，纵二百四十步，方测之为横十五步，纵十六步。"考中国旧一方里为三万二千四百方丈，合十二万九千六百方步（每步五尺俗亦作弓），则清代定制，亩均六十方丈，或二百四十方步，是六十方丈，即一亩之单位也，其积算地面多寡，则用十进十退位法，如以营造尺方五尺为步，亩积二百四十步，十进之为十亩，十退之为分、厘、毫、丝、忽，以其便于计算也。

按清初关于田亩之清丈，原规定每五年举行一次，并令各省将营造尺及地亩所用尺度之长短标准，刻石立碑以垂永久，第二五图即各省地方所立石碑之一。

里法：三百六十步计一百八十丈为一里。

据《会典》："度天下之土田，凡地东西为经，南北为纬，经度候其月食，纬度测其北极，以营造尺起度，五尺为步，三百六十步为里，凡纬度一，为里二百，经度当赤道下亦如之。……"又据《数理精蕴》："古称在天一度，在地二百五十里，今尺验之在天一度，在地二百里（古尺得今尺之十分之八）。"则清代度制虽仍取法于累黍，而揆诸在天一度在地二百里，及每里一千八百尺之文，实合赤道周以三百六十度等分之密率，而与营造尺三十六万相胳合也。

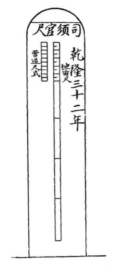

第二五图　清初地亩尺勒石图

凡度量衡自单位以上，则曰十、百、千、万、亿、兆、京、垓、秭、穰、沟、涧、正、载、极、恒河沙、阿僧祇、那由他、不可思议、无量数。

据《数理精蕴》："自亿以上有以十进者，如十万曰亿，十亿曰兆之类；有以万进者，如万万曰亿，万亿曰兆之类；有以自乘之数进者，如万万曰亿，亿亿曰兆之类；今立法从中数。"即万进法也。

清初度量衡法，并无所谓基本单位，与往代相同，其命位法据《数理精蕴》："凡数视所命单位为本，如度法命丈为单位，则尺寸分厘皆为奇零，命尺为单位，则寸以下为奇零，而丈则进而为十，若命寸为单位，则分以下为奇

零，而尺则进而为十，丈则进而为百；量法命石为单位，
则斗升合勺皆为奇零，命斗为单位，则升以下为奇零，而
石则进而为十，若命升为单位，则合以下为奇零，而斗则
进而为十，石则进而为百；衡法命两为单位，则钱分厘毫
为奇零，命钱为单位，则分以下为奇零，而两则进而为十，
若命分为单位，则厘以下为奇零，而钱则进而为十，两则
进而为百云。"是知清初度量衡法，并无基本单位也。

第五节　清初度量衡之设施

清初度量衡行政，并无具体办法，仅对于各省地方作
为标准或官司出纳之器，规定均由中央颁发，在当时虽觉
整齐划一，但对于官民所用不合法定之器具，并未严格执
行检查取缔，致蹈历代有法无政之覆辙，所以清代官民用
器，始终未能完全划一，兹述其施行状况于次：

度器之种类，经规定者仅直尺一项，其名称为"律尺"
与"营造尺"，但是对于民间通用之"裁衣尺"，仍听其沿
用，并定其比例率，营造尺一尺为裁衣尺九寸，营造尺一
尺一寸一分一厘一毫，为裁衣尺一尺，律尺一尺为裁衣尺
七寸二分九厘，律尺一尺三寸七分一厘七毫为裁衣尺一尺。

量器之颁发及检验办法，系由工部依照户部库储式样，
制造铁斛铁斗铁升各若干具，铁斛一存户部，一发仓场，
一发漕运总督，其余颁发各省布政使司粮道及内务府官三
仓恩丰仓各一具，铁斗铁升亦颁发各直省通行遵用，各仓

所用木斛，均以铁斛为标准之器；又户部颁发漕斛仓斛办法，各省征收漕粮及各仓收放米石，俱由部颁发铁斛，令如式制造木斛，校准备用，各州县制造木斛，所需木料，应于春间预办板料晒干然后成造，八月送粮道校验烙印，其毋庸换造者，亦将旧斛送道校验加烙某年复验字样。京道各仓木斛，三年一制，呈明仓场烙印。凡收放米粮日期，所用斗斛，每晚随廒封验，次早验封给发，通仓由仓场查验，京仓由查仓御史查验，监收旗员一律核校，如与铁斛稍有赢缩，饬令随时修理。

按清初各仓收兑粮米，虽经规定以漕斛为官用之器，但官吏并未能始终奉行，据《户部则例》进仓验耗门内载："坐粮厅收兑粮米俱用洪斛，进京仓洪斛每石较仓斛大二斗五升，进道仓洪斛每石较仓斛大一斗七升，是按正兑加耗二五，改兑加耗一七核算。至光绪二十七年始改新章，取销正兑改兑各项耗米，一律按平斛（平斛即仓斛）兑收。各仓放米，亦以平斛开放云云。"当时官用漕斛与洪斛及关东斛之比例率，据《会典》载："户部仓斛十二斗五升为洪斛十斗，仓斛十斗为洪斛八斗，仓斛十斗为关东斗五斗，洪斛十斗为关东斗六斗二升五合。"

权衡器具之种类，分天平、砝码、戥、秤四种，天平砝码之形式与其制造之材料，据《会典》载：

平者为衡，重者为权，衡以铁为之，其上设准为两尖齿形，衔以铁方镮正立，上齿贯方镮上周，尖向下，适当镮中不动，下齿属于衡，尖向上插入方镮下

周之空缝，绾之以枢，使衡可左右低昂，而齿亦与之
左右，衡之两端各以铁钩二，绾铁索四，悬二铜盘，
左右适均，上齿本有孔贯以铁钩，悬于架，用时一盘
纳物，一盘纳权，视方镶中上下两齿尖适相值，则衡
平而权与物之轻重均。（如第二六图）

第二六图　清初部库天平形式图

砝码为扁圆形，上下面平，质用黄铜，以寸法定
轻重之率，黄铜方一寸重六两八钱。（关于砝码之深径
体积，均有规定，如第二七图所示，为清初一百两砝
码形式）

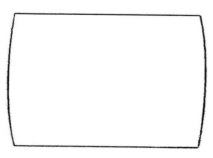

第二七图　清初砝码形式图

砝码之组织，如一百两砝码每副自一分至一百两共二十八件。一千两砝码，每副自一分至五百两共三十二件。一千六百两砝码，每副四圆，每圆四百两。颁发办法，自道库以上及西安驻防营坐粮厅，均发给一百两砝码二副，一副为正砝码，一副为副砝码。盛京、吉林、黑龙江等处，发给一千两正副砝码各一副。各省弹兑铜铅，发给一千六百两正副砝码各一副。各处赴部请领时，工部司官会同户部司官，及该处委员公同校准，具结发用。如正砝码使用日久铜轻，即以副砝码兑放应用，将正砝码送部换铸，副砝码用久亦照此办理，不得将正副二砝码同时请换。全国度量衡局存有清初校准砝码。

秤之最大秤量：大秤百斤，小秤十斤至五十斤，小盘秤二斤至十六斤。戥之最大秤量：大戥五十两至百两，小戥十两至三十两。内外各公家机关如需用戥秤之类，并由工部令秤匠制造发给应用。

此外各州县地方所用准度营造出纳邦赋之度量衡器，系由布政使司依照部颁器具之形式大小制造，发给所属地方应用，凡官司所掌营造官物收支钱粮货赋以及市厘里巷商民日用之度量衡器具，皆须如式校定，方准行用。

清廷于法定制度施行后，又恐日久玩生或有弊窦发现，规定法律数行如下：

一、各省布政使将钱粮解部时，库官应以库存砝码校准轻重，如果与报告之数目相符，方可兑收，否则该省解官，即须听候参办。

二、收支钱粮之官吏，倘将自己保管之部颁权度私自改铸，应受笞刑一百，其因行使私铸权量而得利益者，按坐赃论罪，代铸之工匠亦应受笞刑八十，监督官吏若知情不举与犯者同罪，但死罪减一等，若不知情仅失于觉察，由死罪减三等论罪，并受笞刑一百。

三、民间如有不遵法律私造或私用不合规则之度量衡，或在官府业经检查之度量衡上加贴补削者，应受笞刑六十，工匠同罪。

四、私用未经官府校勘烙印之度量衡，虽大小轻重与法定制度相等，亦受笞刑四十。

五、各衙门制造之度量衡，若不守法定形式，主任官吏与工匠应受笞刑七十，监督官吏不知情者同罪减一等，知情同罪。

第六节　清代度量衡行政之放弛

清初考定度量衡制度颇为慎重，规定之法律亦甚严厉，设能重视检定检查办法，则官司出纳及社会交易所用之度量衡器，自可永久保持整齐划一状况，顾以行政上并无系统，各省官吏均是阳奉阴违，积时渐久，致蹈历代积弊覆辙。在清代中叶，官民用器又复紊乱如前，且政府制器，一经颁发，从未闻有校准之举，而有司保守不慎，屡经兵燹已无实物可凭。即以有清一代度量衡之祖器而言，中间亦经重制。据《漕运全书》建造斛支门内，载"康熙年间户部提准铸造铁斛，颁发仓场总漕及有漕各省，户部存祖斛一张、祖斗一个、祖升一个，至乾隆五十二年（民元前一二五年）户部所存之铁斛铁斗铁升，竟遭回禄，五十三年经工部另铸，嘉庆十二年（民元前一〇五年）以户部所存之铁斛斗升，系经另铸之器，乃咨取仓场康熙年间所铸铁斛斗升与户部所存之器比较，结果铁斛相符，铁斗铁升校对相差，移咨工部查照仓场所存铁斗铁升，另行铸造"等语。又据《户部则例》收校斗斛事宜载"户部印库所储铁斛一张、铁斗一个、铁升一个，系嘉庆十二年由工部照仓场铁斗铁升铸造"等语。具见清代度量衡祖器之业已毁失，而保守官吏之不慎与当时政府对于度政之懈弛情形，亦可想见矣。

　　清政府对于统一度量衡之计划，既未能始终努力，于是各省官吏均采用姑息放任政策，因之度量衡制度逐渐嬗变，愈趋愈乱，就法定之营造尺而论，其在北京实长九寸七分八厘，其在太原长九寸八分七厘，其在长沙长一尺零七分五厘；同一斗也，在苏州实容九升六合一勺，在杭州容九升二合四勺，在汉口容一斗零一合一勺，在吉林容一斗零六勺；同一库平两也，其在北京实重一两零五厘，其在天津重一两零一厘五毫；此特就合乎制度之器具而言。至于未经法定之器，名目纷歧，尤属莫可究诘，在度有高香尺、木厂尺、裁尺、海尺、宁波尺、天津尺、货尺、杆尺、府尺、工尺、子司尺、文工尺、鲁班尺、广尺、布尺之分；量有市斛、灯市斛、芝麻斛、面料斛、枫斛、墅斛、公斗、仙斛、锦斛之分；权衡有京平、市平、公砝平、杭平、漕平、司马平之分；一一比较，均不相同，甚至有大进小出希图牟利之事实发生，所以当海禁开放以后，东西各国借口官民用器，漫无准则，遂在条约上规定一种标准，即所谓海关权度。此清政府对于度政废弛之情形也。

第七节　海关权度之发生

清道光以后，中外通商渐臻繁盛，于是有海关之设，以便稽征进出货税，自咸丰八年（民元前五四年）中英、中美、中法天津条约订立以后，各约所附通商章程，规定邀请外人帮办税务，而海关行政权即已旁落，清廷于是年聘用英人雷司为总税务司，组织海关衙门，即赖之以为赔款偿还及借款抵押之担保品。其后因借债机会，英商复持其在国际贸易第一位之资格，保证其总税务之地位，而吾海关行政权可谓完全操于外人之手，一切自成其制，早已不在中国行政系统之内，所用度量衡币，亦间在中国法律规定之外，为图彼方便利计，借口我国度量衡庞杂纷乱，漫无一定，故常有专款规定互相折合之办法。自咸丰八年为始。所谓海关权度制即已发生，名曰"关平""关尺"，较康熙时部定制度已相去渐远矣。

通商条约规定之度量衡，互相折合办法，约可分为五类：

（一）以英制为标准规定中制者：凡有税则内，所算轻重长短，中国一担即系一百斤者，以英国一百三十三磅零三分之一为准，中国一丈即十尺者，以英国一百四十一因

制为准，中国一尺即英国十四因制又十分英制之一，英国
十二因制为一幅地，三幅地为一码，四码欠三因制，即合
中国一丈，均以此为例（见清咸丰八年中英《通商章程》
第四款）。此类折合办法，英吉利、美利坚、丹麦、比利时
等国均属之。

（二）以法制为标准规定中制者：凡有税则内所算轻
重长短，中国一担即系一百斤者，以法国六十吉罗葛稜么
零四百五十三葛稜么为准，中国一丈即十尺者，以法国三
迈当零五十五桑的迈当为准，中国一尺，即法国三千五百
五十八密理迈当，均以此为例（见咸丰八年中法《通商
章程》第四款）。此类折合办法，法兰西意大利等国均
属之。

（三）以德制为标准，规定中制并附载法制者：凡有税
则内所算轻重长短，中国一担即系一百斤者，以普国暨德
意志公会各国一百二十嗙特（plimd）二十七啰特（lot）一
古应特（qnent）八嗺特（zent），即法国六十吉罗葛稜么
零四百五十三葛稜么，是为中国一百斤，中国一丈即十尺
者，以普国暨德意志公会各国十一呋嘶（fusz）三咋哩
（zoll）零九分，即法国三迈当零五十五桑的迈当，是为中
国一丈，中国一尺，即普国十三因制零七分，即法国三百
五十八密理迈当，照此为例（见咸丰十一年中德《通商章
程》第四款）。此类折合办法，德意志奥地利亚等国均
属之。

（四）以粤海关定式为标准，制定器具发给以供应用
者，瑞典国挪威国等各口岸领事官处，应由中国海关发给

丈尺秤码各一副，以备丈量长短权衡轻重之用，即照粤海关部颁之式，盖戳镌字，五口一律，以免参差滋弊（见道光二十七年中国瑞典挪威《贸易章程》第十二款），秤码丈尺均按照粤海关部颁定式，由各监督在各口送交领事官以照划一（见同治三年中国日斯巴尼亚《条约》第三十款及光绪十三年中葡《条约》第四十款）。

（五）以奏定划一标准，各省一律采用，以利中外商民为辞者：中国因各省市肆，商民所用度量权衡参差不一，并不遵照部定程式，于中外商民贸易不无窒碍，应由各省督抚自行体察时势情形，会同商定划一程式，各省市民出入一律无异，奏明办理，先从通商口岸办起，逐渐推广内地，惟将来部定之度量权衡与现制之度量权衡有参差或补或减，应照数核算，以昭平允（见光绪二十九年中日《通商行船续约》第七款）。

以上与我国订约通商之国，其列明关于税则所用之度量衡，如英、美、丹、比、法、意、德、奥诸国，均各将其国所用之制度与吾国之一担一丈一尺列明比较数于条文，当时英、美、丹、比同为英制，法、意用法制，德、奥用德制，现比、德、奥均改从法制，故现在条约上有效之比较数，不外海关制与英制法制比较数两种。据上列之折合数，既不合于吾国旧有制度，且条约上原订之比较数已不合于各国现行制度，故海关制度之本身，标准不定，早不成其为独立制度矣。

第八节 清末度量衡之重订及其设施

清末重订度量衡划一办法之议，肇端于光绪二十九年（民元前九年），彼时因各省商民，所用度量衡器，并不遵照部定程式，各地自为风气，参差错杂，不可究诘，遂经中外通商条约规定，先行划一程式，从通商口岸办起，逐渐推及内地。当时政府正在变政维新之际，对于度政日日宣言改革，但以顽弊已久，一时并无切实办法，直至光绪三十三年（民元前五年）清廷又命农工商部及度支部限六个月内会同订出程式及推行办法，次年三月，两部会奏，拟订《划一度量衡制度》及《推行章程》。考其原奏列举事略，约可分为四端：

一、仍纵黍尺之旧，以为制度之本；

二、师《周礼》煎金锡之意，以为制造之本；

三、用宋代太府掌造之法，以为官器专售之计；

四、采各国迈当新制之器，以为部厂仿造之地。

会奏既上，依议进行，农工商部遂派员至国外考察，并咨行驻法使臣商同巴黎万国权度公局，制定铂铱合金原器，镍钢合金副原器，及精密检校仪器，宣统初年该项原器副原器，均由万国权度公局精密校准给予证书赍送来华，即在部内设立度量权衡局，办理推行事务，并购地址一区，建设机械制造工厂，厂内所用汽机及带动大小机床，均系购自德商。其尺秤升斗有须手工制者，另设手工厂。旋以厂址建筑告成，于宣统二年（民元前三年）开工，此为清末重订度量衡经过之情形也。后以正在进行之际，国体变更，工厂中辍，于是改革度量衡之议，卒未果行，但当时所拟划一制度，一切应用科学方法，以万国公制之公分长度与公分重量，规定营造尺之长度与库平砝码之重量，为近代严密度量衡之发端。兹述其制度及推行章程于次：

A. 厘定标准：

（一）度——仍以营造尺为度之标准，彼时因清初工部营造尺之祖器业已无存，钦天监所存康熙乾隆两朝之仪器及内务府所有乾隆时之嘉量，因质有涨缩，或器经重制，其尺寸与载籍均微有不符，未可引以为据。惟仓场衙门所存康熙四十三年之铁斗，其面底方寸之度，与钦定《律吕正义》所图营造尺之度，若合符节，最堪依据，即以《律吕正义》之尺度定为营造尺之尺度，并以之与法国迈当尺相较，适合法尺三十二生的迈当（即三十二公分）之数，即法制一尺合中国营造尺三尺一寸二分五厘之数，遂依此长度，向法国定制铂铱原器及镍钢副原器，作为度之标准，归农工商部恒久保藏，以昭信守。

（二）量——仍以漕斛为量之标准，以仓场衙门所存铁斛一只，系乾隆十年部铸准仓斛，其式口狭底广，易于用槩，故仍旧其尺寸形式。

（三）衡——仍以库平为权衡之标准，在法国定制库平两砝码铂铱原器及镍钢副原器，改清初所订衡之标准，金银每立方寸之比重，为纯水一立方寸之比重，其说云："《会典》原定权之轻重，系以黄铜方一寸重六两八钱为率，与《数理精蕴》所载以金银铜铅定寸法之数，已未必尽符。今理化之学日精，五金质地纯杂稍殊，即轻重立判，未便仍泥旧法，当从各国之制，以营造尺一立方寸纯水之重为权之重率，而以西书所载，纯水与五金之比重，为金银每方寸之重，以免差异云。"

B. 增定器具之种类：

清末重订度量权衡办法时，为适于行用计，对于度量衡器具之种类，略有增加，对于度量衡器具之形式，亦多改善，例如：

度器内增定"矩尺""折尺""链尺""卷尺"四种，其所具理由："《会典》营造尺之外，仅有裁衣尺名目，与营造尺同为直尺，各省木工间用曲尺，周规折矩，自较直尺为便，近日铁工亦有用之者，故增定曲尺一种，而正其名为'矩尺'；又直尺过长，不便携带，东西各国皆有折尺之制，实为简便详密，《汉志》度制用铜，长一丈，用竹长十丈，疑亦是折尺，否则十丈之尺，安所置之，故采取其制增定'折尺'一种；又按《皇朝通志》，顺治十年定丈量规则，颁布铸步弓尺，凡州县量地用步弓，各旗庄屯田用绳，今各省量地罕用弓步，多用木尺，开广并有用康熙钱十枚排为一尺以代弓步者，惟旗地尚多用绳，现南苑垦务之绳尺，系用铁制，以一尺为一节，每五尺加一铁圈，每绳长二十弓，与东西各国链尺之制相同，即各处铁路勘线，亦用外国链尺不用步弓。详考旧日弓形可以意为长短，并得手为高下，滋弊既多，势须改作，绳尺虽较弓形为准便，然亦有斜曲之虞，拟即一律改用'链尺'，以为计里计亩之标准；再测量地形，登山涉水，所用之尺，自以卷尺为便，各国所制，有用革、用麻、用金类之不同。各省丈量木牌，向有用篾尺围其圆径，谓之滩尺，海关即多用皮带围之，拟即增定'卷尺'一种，以备量圆及估计凸凹之用。"

量器内增定勺合二种，并以民间量油酒之器，多用圆形，各省量谷亦有用圆筒为升者。量酒虽论斤，而斗亦有用圆竹筒者，故于此规定勺合升斗各量器，均兼备方圆二种；又以《会典》无㮣之制，然各处多用之，量器除流质物易于眠平外，如米谷干质物类，于面积上小有窿隆，则枲籴之间，必有收其耗者，故于此增定㮣制，用丁字式。

权衡器内，将天平之方环改为圆圈，两夹改为对针，将砝码改为圆筒形，不用扁形旧式；又以《会典》权制，每千两之砝码自一分至五百两凡三十二件，而各国之制每数一位，用权四件，权十以内，奇偶之数皆可适用，故采取其制，定分之位为一分者一，二分者二，五分者一，列奇数如三、七，偶数如四、六、八、〇，皆可分权，自一钱至五钱，一两至五两，十两至五十两，百两至五百两，皆用此法，每一位为四件，并增定一厘、二厘、五厘、一毫、二毫、五毫六种砝码；此外杆秤、戥秤均仍旧式制备；并以英国磅秤可权重物，关权商埠多用之，拟即采用，惟磅系英权之名，兹用中数记斤两，不用英数，亦不再沿磅秤之名称，改名为重秤，虽兼列英数以便比较，但尚用中权，以昭划一。

C. 推行章程：

（一）制造原器及用器，以原器为划一全国度量权衡之本，故向法国订制最精细之营造尺及库平两砝码各一具，以为正原器；再照原器大小式样，造成镍钢副原器二份，其一代正原器之用，其一归度支部保藏，以备随时考校之用；又照副原器大小式样，造成地方原器颁发各直省，为检定各种度量权衡之标准；并造各种检定器具，颁发各地方官署及各商会，为检查度量权衡之用。各直省之度量权衡，无论官用民用，悉以部颁原器为标准，并一律行使部厂所制之用器。

（二）官民改用新器之先后，行用新制各器，当先从官用之物一律改起，再及于商用民用之物。官用度量衡器，如在京各部院衙门，外省藩司运司粮道各库，以及关差厘税各局各府厅州县等，凡官用之物，自奉到部发用器后，限三个月内一律改用新器；商民改用新制之器，当由京师及各省会各通商口岸办起，再推及于内地各府州县之城乡市镇。商民所用度量权衡之器，有各地方习用已久难于骤改者，自部制新器颁省之日始，予限十年，十年之后，一律不准行用，但需用之旧器，无论度量权衡，每处每样以留最通行之一种为断，在十年限期之内，定以分年办理之法，即省城及商埠所留之旧器，在前三年应改用新器，再以三年之期，使各厅州县所留之旧器，全改用新器。

（三）设局推行新制——各直省设立度量权衡局一所，承督抚之命，督察各地方专理度量衡事宜，各省度量权衡局自奉到奏定新章之日始，限一个月内即行设立，各省度量权衡局设立之后，即应遴派人员分赴各处会同地方官及商会，将应行留用之旧器一种检定，并将应行废止之旧器调查明晰，限一年内呈报督抚送部核定。

（四）防弊办法——所留旧器准用而不准造；所有制造旧度量衡器之店，自各处奉到部颁新器，三个月之内，一律停其造卖，其店主及行伙，准其入部设制造厂学习；以贩卖或修理新制度量衡为业者，应由地方官呈请农工商部注册给照，准其贩卖修理，惟尺及砝码不能修理。

第四六表　清代度量权衡名称及定位表

度	
毫	十丝即尺之万分之一
厘	十毫即尺之千分之一
分	十厘即尺之百分之一
寸	十分即尺之十分之一
尺	十寸定为度之单位
步（亦称弓）	五尺
丈	十尺
引	十丈
里	一百八十丈即三百六十弓
地积	
方尺	一百方寸
方步	五尺平方即二十五方尺
方丈	四方步

（续表）

	分	二十四方步即六方丈
	亩	二百四十方步即十分
	顷	百亩
	方里	五百四十亩
量		
	勺	十撮即升之百分之一
	合	十勺即升之十分之一
	升	十合定为量之单位
	斗	十升
	斛	五斗
	石	十斗
衡		
	毫	十丝即两之万分之一
	厘	十毫即两之千分之一
	分	十厘即两之百分之一
	钱	十分即两之十分之一
	两	十钱定为衡之单位，每水温摄氏四度时之纯水一立方寸之重，今重八钱七分八厘四毫七丝五忽，忽以下四舍五入
	斤	十六两

上述清末重订度量衡划一办法与清初旧制有不同之点：

关于原器方面　吾国历代度量衡之标准，因农为立国之基，故取度以秬黍为则，衡则以金类一立方寸之重为基本，清初仍之，一切均非科学方法，原无固定不变之标准。

清末科学渐有输入，朝野上下，群倡改革之议，农工商部重订划一度量衡时，因当时部臣处于专制淫威之下，恪遵祖制，自属不容异议，但于奏定营造尺库平制为标准以后，即派员至国外考察，并向万国权度公局制定铂铱原器及镍钢副原器精密检校仪器，一切应用科学方法，以万国公制之公分长度与公分重量规定营造尺之长度与库平砝码之重量，于是始有近代确定之标准，实为中国度量衡沿革上之一大进步也。

关于制度方面 以里法归入度数，并以度法衡法自毫以下之小数名称均不恒用，故拟定度与衡之单位皆起于毫。又清初度量衡制并无基本单位之规定，而清末重订之制，则规定度法以尺为基本单位，量法以升为基本单位，衡法以两为基本单位。

此外关于用器 增定之种类，已详前节，比较适于行用，虽所定天平之构造仍系清初旧式，不能十分精准，但当时中国币制多用生银，称银动至千百两，且时时用之，各国精制天平不堪应用，故未仿制也。

第九节 关于第五时期度量衡之推证

清初工部营造尺，其真确之长度，经种种推测，有次述诸说：

一、据李善兰氏《谈天》凡例，据《数理精蕴》载，在天一度在地二百里之文，又以英尺所计赤道周之密率以三百六十度等分之，推得一工部营造尺，等于公尺之三〇·九公分。

二、据邹伯奇《遗书》图式，推得一工部营造尺等于公尺之三一·三公分。

三、据《会典》图式，推得一工部营造尺等于公尺之三一·七公分。

四、据吴大澂《实验考》图式，推得一工部营造尺等于公尺之三〇·七九公分。

按清末重订度量衡制度时，以仓场衙门所存康熙四十三年之铁斗，其面底方寸之度，与钦定《律吕正义》所图营造尺之度，若合符节，定为一工部营造尺，等于公尺之三二·〇公分。该项铁斗，现经编者考证其面底方寸之度，平均数为二五·六公分，证以清初定制斗式面底方八寸之说，推得工部营造尺之长度，与清末之考证相符。但执器以求数，寒暑不同，涨缩互异，本难得其准的，据图以求数，鋟刊偶误，所差实多，亦难依以为据；又按我国古时所谓周天，实即周地，今以周天作为三百六十度，取地球赤道周为计量，则四万公里分为三百六十度，每度应合一一一·一公里，《数理精蕴》载在天一度在地二百里，如是清代里制，每里应合〇·五五五六公里，每一千公尺为一公里，则清代里制每里应合五五五·六公尺，清代里制系以一千八百尺为一里，则每尺应合〇·三〇八六七公尺，即合三〇·八六七公分。上述诸说，互有出入，势难臆断也。

下 编

中国现代度量衡

第十章　民间度量衡过去紊乱之一般

第一节　紊乱之原因

中国度量衡之紊乱，其原因甚多，若概括而论，约有五端：

一、历代度量衡之制，虽大要一本于黄钟之律，而黍有长短，律有变迁，度量衡之起源，既无绝对之标准，且乏永久不变之性质。

二、历朝定鼎之始，均以制礼作乐为先急之务，律尺之考证，乃为士大夫所乐为，而对于民间所用度量衡之是否适于行用，则往往采用放任政策，未能深切注意。

三、政府对于统一度量衡，未能始终努力以求贯彻，历代于开国之初，对于度量衡间有定式校勘之举，但仅推行一时，每以时期不久，督察之力即渐弛，而取缔之功效亦随之俱失矣。

四、官司出纳之度量衡，未能实事求是，往往巧立名目，出入均失其平，其用于收入者，必较支出者为大，以致上行下效，人民利己心重，随亦各自为制，以较大之度量衡为买进货物之用，以较小之度量衡为卖出之用。

五、政府对于度量衡行政，并不注重检定检查政策，虽有定期校勘之规定，从未闻有实行检查校准之举，人民利用政府此种弱点机会，得以任意将度量衡私下改制，以求不正当之利益。

第二节　度之紊乱

尺之普通应用，在我国历史上及民间习惯，不外三种：

一、"律用尺"，所谓同律度量衡者是，为合现今市用制六寸至七寸之尺，除制乐外，民间少有用之者。

二、"营造用尺"，即凡木工、刻工、石工、量地等，所用之尺均属之，通称木尺、工尺、营造尺、鲁班尺等，营造尺为工人所用，推行较广，故尺寸之流传，自不能尽行一致，各地流行之营造尺，以合现今市用制九寸上下者为最多；但自前清末年，规定营造尺为合三十二公分，数十年来，民间采用此种标准者，为数亦自不少。此项旧定营造尺，实合现今市用尺之九寸六分，而实际上各地所用营造尺，常有合市尺一尺以上者。

三、"布尺"或"裁尺"，则系量布及裁衣之用，通称裁尺。我国加尺风气见于布疋之交易者最盛，故民间应用之裁尺，有合现今市用尺一尺至一尺零五六分者。至织布用尺常有合一尺五寸以上者。

兹将各地尺度在未到一前之复杂情形，列举数例于次：

第四七表　民间度器紊乱情况表

地点	度器名称或其用途	单位	折合市用尺数
福州	旧木尺	每尺	〇·五九八
象山（浙江）	旧木尺	每尺	〇·六一〇
苏州	旧营造尺	每尺	〇·七二八
福州	旧织物尺	每尺	〇·七四五
杭州	旧木尺	每尺	〇·八四〇
上海	旧大工尺	每尺	〇·八四八
厦门	旧木尺	每尺	〇·八八二
汕头	旧木尺	每尺	〇·八九九
青岛	小贩用旧竹尺	每尺	〇·九〇〇
厦门	旧裁尺	每尺	〇·九〇〇
赤峰	旧大尺	每尺	〇·九〇六
营口	旧裁尺	每尺	〇·九二八
许昌	旧裁尺	每尺	〇·九三〇
苏州	旧织物尺	每尺	〇·九三五
济南	旧木尺	每尺	〇·九三七
沈阳	旧工尺	每尺	〇·九四一
长春	旧木尺	每尺	〇·九四四
太原	旧营造尺	每尺	〇·九四八
成都	石匠用旧尺	每尺	〇·九五四
西安	旧木尺	每尺	〇·九六〇

（续表）

地点	度器名称或其用途	单位	折合市用尺数
天津	旧木尺	每尺	〇·九七三
青岛	旧潍班尺	每尺	〇·九八四
张家口	旧裁尺	每尺	〇·九九〇
北平	旧裁尺	每尺	〇·九九四
成都	旧木尺	每尺	一·〇〇〇
济南	旧裁尺	每尺	一·〇二〇
贵阳	旧纱布尺	每尺	一·〇二一
天津	旧裁尺	每尺	一·〇二二
青岛	旧柜尺	每尺	一·〇三二
杭州	旧三元尺	每尺	一·〇三六
太原	旧裁尺	每尺	一·〇三七
沈阳	旧裁尺	每尺	一·〇三七
长沙	旧官尺	每尺	一·〇四一
开封	旧裁尺	每尺	一·〇四四
西安	旧布尺	每尺	一·〇五〇
汉口	旧算盘尺	每尺	一·〇五二
贵阳	旧公议尺	每尺	一·〇五三
成都	旧裁尺	每尺	一·〇五三
烟台	旧裁尺	每尺	一·〇五八
贵阳	旧裁尺	每尺	一·〇六二
兰州	旧裁尺	每尺	一·〇六八

（续表）

地点	度器名称或其用途	单位	折合市用尺数
福州	旧裁尺	每尺	一・一一〇
汕头	旧木尺	每尺	一・一一八
南宁	旧排钱尺	每尺	一・一二二
上海	旧造船尺	每尺	一・二〇一
广州	旧排钱尺	每尺	一・二四七
无锡	旧布尺	每尺	一・六二〇
开封	旧布尺	每尺	一・六八五
热河	旧大尺	每尺	一・八〇六
营口	旧大尺	每尺	一・八八八
迁安（河北）	旧布尺	每尺	二・六〇〇
清河（河北）	旧布尺	每尺	三・〇九〇
穆林阿（吉林）	旧裁尺	每尺	三・七四一

第三节　量之紊乱

　　我国关于容量之量器，普通以"斗"为单位，但民间实际应用，斗之大小相差极多，并且除斛斗升等外，更有桶及管或筒之名称，而此桶管及筒之大小，既无明确之标准，若干筒或若干管为一桶，或若干斗为一桶，亦漫无一定，大抵一筒或一管之容量，多在半升至四分一升上下，我国古升之容量甚小，所谓斛管者，殆即古升之标准。各地量器常称为若干桶或若干管之斗者，即以此斛管为计量单位。

我国旧制之升，虽只比现今市升略大数勺，但民间实际应用之升，其容量却有十倍此数，为数至为参差。爰举数例于次：

第四八表　民间量器紊乱情况表

地名	量器名称或其用途	单位	折合市升数
贺县（广西）	旧通用升	每升	〇·四七六
济南	旧粮行筒	每升	〇·五四七
启东（江苏）	旧通用升	每升	〇·七四一
厦门	旧圆锥斗	每升	〇·八九〇
福州	旧米升	每升	〇·九一五
南昌	旧米升	每升	〇·九二〇
苏州	旧通用斛	每升	一·〇〇六
汉口	旧公斛	每升	一·〇三〇
杭州	旧杭升	每升	一·〇五三
安庆	旧米升	每升	一·〇五六
上海	旧庙斛	每升	一·〇七五
厦门	旧鼓形斗	每升	一·〇七七
张家口	旧九筒斗	每升	一·一一〇
北平	旧西市斛	每升	一·一七九
北平	旧粮麦斛	每升	一·一九八
汉口	旧樊斛	每升	一·四二二

（续表）

地名	量器名称或其用途	单位	折合市升数
开封	旧通用斗	每升	一·四五〇
西安	旧米升	每升	一·六三〇
大谷（山西）	旧官斗	每升	二·〇二九
沈阳	旧沈斗	每升	二·二五七
太原	旧官斗	每升	二·三八二
长春	旧官斗	每升	二·四二一
绥远	旧官斗	每升	二·五三五
烟台	旧锦斛	每升	二·八二六
长春	旧通用斗	每升	二·九六一
成都	旧通用斗	每升	三·二〇〇
齐齐哈尔	旧通用斗	每升	四·二二一
广州	旧米斗	每升	四·八六五
赤峰	旧通用斗	每升	五·〇六五
围场	旧通用斗	每升	六·一〇六
荣城（山东）	旧厢升	每升	八·〇〇〇
兰州	旧市升	每升	八·四〇〇

第四节 衡之紊乱

向者民间关于轻重之计量，普通应用多以"斤"为单位，清代规定衡制之标准虽为库平；但因物品之种类不一，售卖之方法不同（零售或趸售），于是秤之种类，亦极形复杂，通常以水果肉类之秤比较为最小，而以棉花燃料之秤为最大，铺店零星卖出，大抵通用十四两上下之秤，其重量常在现今市斤之八折至加五厘之间，有时水果秤不及市斤半斤。铺店大批买进，多用较大之秤，平均约合现今市斤之加一至加二之秤，所谓足十六两秤，住家备用，并携出市面买菜用之秤，亦属此类，是乃城市民众，及有产阶级，携用大秤以与肩挑负贩及农家苦力之小秤，较其锱铢也；甚且店家大批向农家采集原料燃料等，其所用之秤，常合现今市斤一斤半上下，其超出二市斤者，亦间有之。言其砝码，亦有数种：如漕砝约合库平十六两为一斤，苏砝约合库平十四两四钱为一斤，广砝约合库平十五两四钱为一斤，秤之大小并不拘拘于砝码，就其大小随意而定，普通所谓漕砝秤、苏砝秤、折秤，或会馆秤，千变万化，不一而足。兹举数例于次：

第四九表　民间衡器紊乱情况表

地点	衡器名称或其用途	单位	折合市斤数
杭州	旧炭秤	每斤	〇·五七〇
济南	旧对合秤	每斤	〇·五七八
赤水（贵州）	旧通用秤	每斤	〇·六五五
江阴	旧锡秤	每斤	〇·八〇〇
厦门	旧厦秤	每斤	〇·八二七
福州	旧平秤	每斤	〇·九〇一
北平	旧水果秤	每斤	〇·九四四

（续表）

地点	衡器名称或其用途	单位	折合市斤数
上海	旧茶食秤	每斤	〇·九八七
上海	旧会馆秤	每斤	一·〇五六
汉口	旧小盘秤	每斤	一·〇二六
围场	旧通用秤	每斤	一·〇三五
青岛	旧三百秤	每斤	一·〇六二
北平	旧平秤	每斤	一·〇六六
宁波	旧官秤	每斤	一·一〇六
呼兰（黑龙江）	旧通用秤	每斤	一·〇八〇
汉口	旧公议秤	每斤	一·一〇二
开封	旧平秤	每斤	一·一一〇
张家口	旧平秤	每斤	一·一二五
西安	旧通用秤	每斤	一·一四三
凤阳（安徽）	旧漕秤	每斤	一·一五一
泸山（贵州）	旧通用秤	每斤	一·一五二
太原	旧钩秤	每斤	一·一五四
南昌	旧通用秤	每斤	一·一六二
永顺（湖南）	旧盐秤	每斤	一·一六九
南宁	旧司马秤	每斤	一·一六九
开封	旧戥秤	每斤	一·一七〇
南京	旧漕秤	每斤	一·一七三
济南	旧库秤	每斤	一·一九四

（续表）

地点	衡器名称或其用途	单位	折合市斤数
广州	旧司马秤	每斤	一·二〇〇
上海	旧司马秤	每斤	一·二〇九
正定（河北）	旧棉化秤	每斤	一·四一三
昆明	旧十分戥	每斤	一·四八一
眉山（四川）	旧天平秤	每斤	一·八〇二
桂阳（湖南）	茱墟用旧秤	每斤	二·一三三
兰州	旧双秤	每斤	二·三〇四
藁城（河北）	旧线子秤	每斤	四·九二一

第五节　亩之紊乱

我国地积之量法，向来规定以"亩"为单位，但普通除用亩为计算单位外，更有种种标准，在东北各省，有以"响""天""方"为计算单位者。辽宁南部各县，每"天"约合六亩。北部则称"响"，每响合十亩接近。内蒙各地之新垦地，则按"方"计算，即每方之土地，合四十五响。吉林省量地，以"响"为单位，每响为二百八十八方弓，亦有合二千五百方弓者。黑龙江每"响"合二千八百八十方弓。在湖北省及江以南等省以"石""斗"为计算单位者，每亩平均可收谷二石。在湖南以"石""斗""运"为计算单位者，如益阳每石约合六亩，澧州一斗二升约合一亩，邵阳五石约合一亩，辰谿每运可收谷一石。此外江西省有以"把""担""扛""工""斗"为计算单位者。在云南省以"段"，广西省以"臼""埠""户"为计算单位者。陕西省以"塃"，山西省以"垧"为计算单位者。更有以"座""方""绳"为计算单位者。并有以一人一日栽秧之面积，或以下种之多寡为计算单位者。其复杂情形，不一而足。

各省丈量地亩，所用之器，亦无一定，有用弓者，有用绳者，有用杆子者，有用普通尺者。即同用弓尺丈量，其长短亦不相等，例如：江苏崇明县量地所用之弓，等于营造尺四尺八寸，青浦县之弓，等于营造尺六尺。浙江永康以营造尺四尺二寸为一弓，德清以五尺一寸八分七厘五毫为一弓，平阳以五尺三寸一厘为一弓，崇德、新昌、武康以六尺为一弓，孝丰以六尺二寸为一弓，桐庐、定海等县并以鲁班尺六尺为一弓，此仅就江浙二省而言可概一般。

再就同一单位之亩积而言，其广狭亦不一致，我国定制，通常以二百四十方步为一亩，然实际各地，并不完全遵照法定标准，亩之大小并不相同，即一省之内或一县之内，亩之大小亦不尽同。兹举数例于次：

第五〇表　地积紊乱情况表

地点	单位	折合市亩数
宁波	旧一亩	〇·二二四
无锡	旧一亩	〇·四〇二

（续表）

地点	单位	折合市亩数
江宁	旧一亩	〇·四一五
宁波	旧一亩	〇·四三一
杭州	旧一亩	〇·七一一
汕头	旧一亩	〇·七六八
洛阳	旧一亩	〇·八六六
开封	旧一亩	〇·八七一
天津	旧一亩	〇·八七九
长安	旧一亩	〇·八八二
昌黎	旧一亩	〇·九〇五
邯郸	旧一亩	〇·九四〇
南通	旧一亩	〇·九五九
福州	旧一亩	〇·九六九
南昌	旧一亩	一·〇二〇
成都	旧一亩	一·〇二四
苏州	旧一亩	一·一〇五
徐州	旧一亩	一·一四〇
汉口	旧一亩	一·一五四
哈尔滨	旧一亩	一·一九六
盐山	旧一亩	一·二一一
南宁	旧一亩	一·二六〇
广州	旧一亩	一·二七二

（续表）

地点	单位	折合市亩数
江宁	旧一亩	一·六五九
潍县	旧一亩	三·四〇九
潍县	旧一亩	四·八二九

第十一章　甲乙制施行之前后

第一节　采用万国公制之拟议

当民国成立之初，一般人士以吾国度量衡旧制，无一定准则，紊乱错杂，自为风气，承其弊者数千年于兹矣。前清末季，虽曾有统一全国度量衡之计划，卒因时日尚浅，成效未覩。民国新立，为根本改革绝好时机，乃有适应世界潮流直接采用万国权度制，借以消灭对外贸易阻碍之拟议；关于此项拟议，经工商部反复讨论，揆之学理，按之事实，均认为便利可行，及征询其他行政机关意见，亦皆赞同斯议，遂将改革旧制之原因，采用新制之理由，汇为说明书，提交国务会议通过，咨交临时参议院会议，惜此案迄于国会成立，并未议决，致未果行。

民初工商部废除旧制采用新制，其所具理由系以旧制度量衡无确切之依据，且复杂参差，进位之法毫无一定，量衡与度相关之数亦复畸零不整，不便计算；而万国权度制，则依据确当，计算简明，比例简切，利于科学。至其推行办法，则系完全采用密达制，推行期限，则区别官商区域各有先后，以十年为期，推行全国。查其咨国务院原文，有"尝絜比古今之定制，与商民之现情，知欲实行划一，非全废旧制不可；又尝参观各国之成法及世界之大势，知欲重订新法，非采用万国通行之十分米达制不可"等语，可谓排除一切，独见其大，颇具革命精神。

当工商部采用万国权度制时，因系创举，必须参照各国成法以便制定法规，曾于民国二年派陈承修、郑礼明调查欧洲权度，派张瑛绪、钱汉阳调查日本权度，奉派人员，曾往法、比、德、荷、奥、意及日本等国调查，并参加万国权度公局会议，对于度量衡行政及制造方法，均详为考察，各有报告，比清季之调查，又进一筹矣。

工商部以度量衡制度既经改革，名称自当确定，乃进行编订通行名称，当编订名称时，曾有二种主张：一曰译音，如云密达、立脱耳、克兰姆之类。一曰译义，如云法尺、法里之类。译音之说，乃义取大同，意谓采用密达制之各国，其定名悉从原音，吾国仿而行之，既省重译之劳，又可获交易之便；译义之说，在以习惯为前提，意谓密达虽为法制，一经吾国采用，即为吾国固有之制，不得不用吾国固有之名称，既可合民间之习尚，当可以省推行之窒难。二说相提并论，其理两胜，后经详加审查，认为译音，不如译义，译义不如仍用旧有之"尺""升""斤""两"等字之有标准，意谓译音虽取大同之义，然大同之实际在制度，不在名称，若谓从原音可省重译之劳，则必确切于原音而后可。然以法译汉，不惟难于确切，并求其近似亦不可得，度量衡之为物，与民生日用关系至为密切，推行之难易自当视大多数人民之程度以为转移。密达制之名称，至多二十有奇，译出之音，又常佶屈聱牙，奇瑰绝伦，若用译音之法，则名词难解，人民必以难于记忆之故，不肯奉法定之准绳；且名称之发生，根据于学理者半，根据于社会之习惯者亦半也。吾国国人习惯，每于新入之物品，不问其性质若何，但视其形式种类，与旧有之物相类似者，恒仍以旧名称之，而于其上冠洋字或其他之字，以为区别，如洋油、洋船，皆其例也。习尚所移，如水赴渠，与其强为规定，致增骈迭之忧，何若利用旧习，俾收便民之效，故曰译音不如译义，译义不如仍用旧有之"升""斤""两"等字之为得也。爰经工商部详加研究，拟定名称如下：

第五一表　民初编订通行名称表

度名表		
原名	新名	比例
kilometre	新里	千新尺
hectometre	新引	百新尺
decametre	新丈	十新尺
metre	新尺	准个
decimetre	新寸	十分之一新尺
centimetre	新分	百分之一新尺
millimetre	新厘	千分之一新尺

（续表）

量名表

原名	新名	比例
kilolitre	新石	千新升
hectolitre	新斛	百新升
decalitre	新斗	十新升
litre	新升	准个
decilitre	新合	十分之一新升
centilitre	新勺	百分之一新升
millilitre	新撮	千分之一新升

衡名表

原名	新名	比例
kilogramme	新斤	千新锱
hectogramme	新两	百新锱
decagramme	新钱	十新锱
gramme	新锱	准个
decigramme	新铢	十分之一新锱
centigramme	新累	百分之一新锱
milligramme	新黍	千分之一新锱

第二节　甲乙两制并行之拟订

民国元年，工商部废除旧制采用万国公制之议，因国会未予通过，其议卒不果行，嗣农商部成立，长部者为张謇以公尺过长，公斤过重，数千年之民情习俗不易变更，乃于民国三年，拟订《权度条例》草案，决定采取两制并行之法，即一为营造尺库平制，省称甲制，一为万国权度通制，省称乙制，甲乙两制虽同为法定制度，而甲制不过为过渡时代之辅制，比例折合，均以万国权度通制为标准。至于通制名称，当时聚讼纷纭，莫衷一是，日本缩名不便应用，学者有议取"厂""里""行"等而实以十百千等字者，经研究结果，以其说太偏，不易实行，施于田亩体积，其用亦穷。权度为民生日用所必需，非如化学之可以金字偏旁别金属与非金属也。造字不可，则译音之说起，但当时农商部以吾国之于通制之尺，有译为迈当者，有译为密达者，有从日译为米突者，而十百千倍之名称，尤为佶屈聱牙，难于卒读，同一斤也，或为吉罗葛稜么，或为基罗克兰姆，或为启罗格兰姆，民元工商部对于此问题，曾函致各部派员讨论，分为译音译义两派，最后决定以中国原有名称，而冠以新字，启罗格兰姆与启罗迈当，谓之新斤新里，其意甚善。后《权度法》以"新"字为冠首不成名词，依照国会（时严复任权度审查长），改用万国公制之"公"字，遂定焉。

四年一月，北京政府大总统以《权度法》公布之。

民四《权度法》摘要：

　　一、权度以万国权度公会所制定铂铱公尺公斤原器为标准。

　　二、权度分为下列二种：

　　甲、营造尺库平制。长度以营造尺一尺为单位，重量以库平一两为单位。营造尺一尺，等于公尺原器在百度寒暑表零度时首尾两标点间百分之三二，库平一两，等于公斤原器百万分之三七三〇一。

　　乙、万国权度通制。长度以一公尺为单位，重量以一公斤为单位，一公尺等于公尺原器在百度寒暑表零度时首尾两标点间之长，一公斤等于公斤原器之重。

　　四年三月，农商部将原有之度量衡制造所，易名为权度制造所，开始制造标准器具，嗣奉大总统令，赶制通用新器，因推行期迫，民厂设立需时，令由权度制造所一面制备官用标准器，一面赶制民用权度器，以足敷北京市用为度，并择地开设新器贩卖所，以备商民购用，而权度制造所经费，因历来财政部所发之款，不敷甚距，每月由农商部设法垫付，几不足维持现状，故赶制京师市面应需之各项民用器具，未能按照原定计划，如期一律造齐。

　　四年六月，农商部于权度制造所外，并设立权度检定所，办理权度检定及推行事务，其办法系由农商部与教育部商定，选用国立北京工业专门学校第一期毕业生，由该校酌量增加钟点，由部指定赴欧调查权度回国之郑礼明氏主持训练，授以权度必要课程，俟其毕业后，选其成绩优异者十六名，充任检定人员，所有北京调查事务，即责成该员等，会同警区在京师区域以内，分区调查制造修理权度器具之店铺、职工数目，及市面旧有权度器具种类之概数，并分任编制旧器与新器各种折算图表，检定权度制造所制之标准及民用权度器具等工作。当时计划，并拟增设津、沪、汉、粤检定所四处，同时举办，借收速效。其接近四处通都大埠之推行事务如济南、烟台、开封、奉天等处，归天津检定所办理，南京、芜湖、苏州、杭州等处，归上海检定所办理，南昌、九江、岳州、长沙等处，归汉口检定所办理，汕头、厦门、福州等处，归广州检定所办理；并编制预算书，提交财政部核办，后因政局关系，及推行政令各省未能切实奉行，所有津、沪、汉、粤四处检定所，并未实行成立。

第三节　京师推行权度之试办

《权度法》公布以后，北京中央政府，以京师为首善之区，民智较为开通，警政亦甚完备，宜首先提倡以为各地模范，乃定为试办区域，以次推及商埠省会，农商部遵令筹办，饬由权度制造所赶制京师商民用器，并设立推行权度筹备处，遴派人员，分赴各商店调查所用旧器之种类数量，汇为报告以策进行。旋即成立权度检定所，办理推行事务，徒以经费支绌之故，原议办法，未能立即施行；又以商民一再吁请体恤商艰，亦未便操之过急，致生纷扰。嗣奉明令，定于六年一月一日实行，当由检定机关先期遣派检定人员，会同各区警署，前赴各商铺执行特别检查，将所有度量衡旧器，与法定新器一一比较，其有合于法定营造尺库平制各器，即錾盖囯字图印，准其行用；此外不合法定之器具，概行錾盖式字图印，只准使用至规定换用新器之日为止。并以旧器之材料，亦有可以改造利用者，为体恤商艰计，准其以旧器换用新器，因拟定办法，将营业上所用旧器分类收集，限自六年一月起，度器以一月为期，量器以二月为期，衡器以三月为期，一律办理完竣，每类收集期满，即行使用新器。其收集方法，一由各行商会将各铺所用旧器，分别收集，汇送权度制造所，改造或销毁；一由权度检定所会同各区警署，前赴各商铺，将所有旧器，分别收集，汇送权度制造所改制。至新旧器具，折合大小，互有不同，并由权度检定所制定折算对照表，分送各商铺，自更换新器之日起，所有买卖物价，均须照表折合。复以京师地广人稠，深恐未能周知，发生误会，除委派人员前往京师总商会随时宣讲外，并委托学务局宣讲所，代为分赴各处庙会宣讲，俾商民渐次明了推行新制之意义，此因革新伊始，市民疑阻丛生，欲求实施，洵非渐进不能为功也。

自民国六年，农商部推行新制之日起，北京市面及四郊商铺，所用度器渐次划一，衡器量器经商民购置者，为数亦多，但以政变关系，商民意存观望，致未能划一。民国十二年，农商部复有赓续划一京师量器衡器之举，而其结果，亦仅于北京一市，勉强实现。嗣后政变频仍，战祸迭起，经费无着，权度政务，政府亦无暇过问，永陷入若有若无状态中矣。

第四节　各省试办之经过

自民四《权度法》公布以后，山西省以旧有权度，至极复杂，非急图统一，不足以谋商业使用，旋经拟定推行权度各项单行规章，于八年四月咨经农商部转呈核准，即由省公署着手筹备。嗣会商农商部调用权度检定所检定人员，设立划一权度处，成立以后，首先公布推行日期，将度量衡三项，分七八九三月次第实行。推行之先，从事调查各县旧器以作比较，并其实需数量，预为准备，后经呈请中央，颁发各县标准器，以为检定及制造之用。至其新器之供给，一面向农商部权度制造所订购，一面招商承造，至各县旧业秤工，因刀纽秤非所谙习，随饬各县选派送往权度制造所实习种种技术，前后共选送一百余名，实习期满，经考验合格，即送回各县专司修制各种衡器；复编发度量衡器制造法，以为承造各商之参考。次筹及检定事宜，系由各县选派一人来省，即由划一权度处，编印讲义，分班教授，期满分发原县充任检定生。至于推行手续，取缔旧器推行新器，均系各县一致，同时积极举行，所订各县《推行度量衡办理程序》《度量衡营业特许暂行规则》《度量衡检查执行规则》等一切设施，均以农商部法令为准。
而物价之折合，亦依据新旧器之比较办理，推行之后，复
派员严密考查各县，是否遵章办理，折合公允，及有无借
端需索各情弊，其推行成绩，颇有可观。

此外如滇省在标准器颁发到省时，曾经订定章程办法，
按期分区次第推行，所有新器之供给，系由官办之模范工
艺厂，依式制造，由实业厅逐细检查发售，附近省城及较
为繁盛之大县，颇有实行者。其他各省，如冀省于十四年
设立权度检定所，拟定《统一权度规则》八条。豫省于十
年拟定《划一权度简章》，并拟于省垣设立制造所及检定
所。鲁省于十六年在实业厅内附设统一度量衡筹备处，拟
定进行步骤，第一年为调查及设所传习，第二年为制造及
实行。浙省于十四年呈准设立检定传习所，招考学生一百
余人，加以训练，嗣以政变，划一事宜未能进行。闽省于
十四年设立划一权度处，进行划一事宜。粤省权度之检定，
系由实业厅特设专局暨各处分局，嗣以办理毫无成绩，除
省佛两局外，所设专局及其他各局，一律取消。总之当时
政府推行新权度，不得谓全无计划，而其结果，各省区除
山西曾经实行外，其余毫无成绩之可言，政变频仍，号令
不行，固为一大原因，而中央于开办此项行政之初，经费
即感困难，以后则左支右绌，计划未能周密，安得不止于
半途。其最大缺点，则各省并无专门检定人才及政令不能
一贯云。

第十二章　中国度量衡制度之确定

第一节　度量衡标准之研究

　　当国民政府于十五十六年间，由广东出师北伐时，以度量衡与人民福利及国家政治，均有密切关系，故每值光复一省，依照中国国民党第二次全国代表大会之议决，即将划一度量衡列入该省政纲；同时中国工程学会，于十六年秋间曾组织度量衡标准委员会，从事研究，并由上海特别市政府呈请国府确定标准颁行。陕西省政府有请国府颁发度量衡制度，安徽省政府咨据安庆市请划一度量衡标准，建设委员会咨据专家呈请实行划一权度以利民用，而福建省政府并不待中央之明令规定权度标准，曾将前北京农商部所颁布之法律条文篡改施行，其希冀早日划一权度之苦心可见。又上海米业轻斛问题，几起风潮，曾经举行校核仁谷堂公所海硒斛容量及敦和公所鱼秤。又江苏省政府据商民协会之呈请，严禁米业船客发生轻斛抬高价格之弊。复有上海市政府转据敦和鱼业公所、商民协会茶叶分会、蔬菜公所、水果业公所及商民协会、米业公会等先后自动请求设法划一度量衡。至于中央方面对于度量衡早在筹划之中，中央执行委员会委员亦曾有敦促划一，以为我国度量衡之不划一，弊窦丛生，不独国家感受莫大影响，不肖官吏及奸宄之徒复从中舞弊，出纳无常，国民经济受无穷亏损；又不独国家之统计有莫大困难，且妨建设事业之发展等意见提出会议，请迅速规定公布施行。大学院召集之第一次教育会议及财政部召集之全国经济会议及第一次财政会议均有提早划一之议案。此为度量衡标准研究之缘起也。

以上各种提议，即经国民政府于十六年春建都南京之后，先后发交工商部核办，该部以事关国家大计，应慎重商量，曾加详细研究，博采周咨，并经派定吴健、吴承洛、寿景伟、徐善祥、刘荫茀等员负责进行。兹将各方面先后对于度量衡之提议，列表于下：

第五二表　度量衡标准提议摘要表

提议摘要	提议标准分析					提议人姓名
	长度	地积	容量	重量	
提议用国际单位制（又称 A.B.C.制）	1正尺 =32.689公分 =12$\frac{7}{8}$英吋	1正亩 =6000平方正尺 =6.14114公亩	1釜=1立方正尺 =34.9305立方公寸 1瓊=1立方正寸 =34.9305立方公分 1升=$\frac{3}{100}$立方正尺 =1.0479公升	1正两=34.9296公分 1磅=349.296公分	费德朗 （法人） 刘晋钰 陈敞庸
拟最后采用公制，惟在过渡时期辅以副制	1尺=32公分 =1营造尺	1亩=6000平方尺 =1营造亩	1升=1.0354688公升 =1营造升	1两=37.5公分 1斤=600公分	钱汉阳 周　铭 施孔怀

（续表）

提议摘要	提议标准分析				提议人姓名
	长度	地积	容量	重量	
拟采用公制,惟在过渡时代主张旧制,各单位与公制成一简单之比例	1尺 =30公分 =光之速度每秒钟之简单比例(光之速度每秒钟合3×10^{10}公分)			1两 =27公分 =国币一圆之重(即七钱二分四厘)	阮志明
以标准大气压力即在海水平面上以水银柱升高度为标准创造新制量衡新制	1中山尺 =$\frac{1}{2}$水银柱上升之高 =38公分	1中山步 =$(2×76)^2$平方公分 =23104平方公分	1中山升 =$\left(\frac{76}{8}\right)^3$立方公分 =857.375立方公分	1中山斤=以中山升之容量盛百度表温度四度时之清水权得之重	范宗熙
拟采用公制,惟在过渡时期宜采用"一二三"制以为市用制	1市尺 =$\frac{1}{3}$公尺 =33.3333公分 =1.0417营造尺	1市亩 =6000平方市尺 =6.667公亩 =1.085069营造亩	1市升 =1公升 =0.9657营造升	1市斤=$\frac{1}{2}$公斤 =500公分 =13.41库平两	徐善祥 吴承洛

（续表）

提议摘要	提议标准分析				提议人姓名
	长度	地积	容量	重量	
赞同采用公制，在过渡时期用"一二三"制之议，惟市尺名称宜迳称为暂用尺以示无永久性质	同上				高梦旦 段育华
赞同采用公制，在过渡时期采用辅制之议，惟长度与亩制略有变通	1新尺 $=\dfrac{1}{4}$ 公尺 $=25$ 公分	1新亩 $=10000$ 平方新尺	1市升$=1$公升 $=0.9657$ 营造升	1市斤$=\dfrac{1}{2}$公斤 $=500$ 公分 $=13.41$ 库平两	吴健 刘荫茀
拟采用以万国公制为整数折合之法并主张新制须较长或较大	1新尺$=40$ 公分	1新亩 $=4800$ 平方新尺	1新升$=1$公升	1新两$=40$ 公分 1新斤$=400$ 公分	陈儆庸

（续表）

提议摘要	提议标准分析				提议人姓名
	长度	地积	容量	重量	
反对万国公制度量衡三种单位制度之联贯	长度单位 $=\dfrac{40005423}{100000000}$ 公尺（最近测定地球子午线之长）$=0.40005423$ 公尺 $=1.25$ 旧部尺	地积单位 $=10000$ 平方尺 $=16.00027$ 公亩 $=2.605$ 旧亩	容量单位 $=1$ 立方尺 $=64.017$ 公升 $=6.1824$ 旧漕斛	重量单位 $=1$ 立方寸纯水于 4℃ 时在赤道上真空中所含之重 $=64.17$ 公斤 $=1.716$ 旧库平两	钱　理
拟具条陈三策	1 尺 $=30$ 公分		1 升 $=1$ 公升	1 斤 $=500$ 公分	基郁姆（巴黎万国权度公会帮办）
	1 尺 $=30$ 公分		1 升 $=\dfrac{9}{10}$ 公升	1 斤 $=600$ 公分	
	1 尺 $=35$ 公分		1 升 $=\dfrac{9}{10}$ 公升	1 斤 $=600$ 公分	

（续表）

提议摘要	提议标准分析				提议人姓名
	长度	地积	容量	重量	
主张保存中国旧制取法赤道周以在天一度在地二百里计积三百六十度为计算权衡之标准，得环球七万二千里以为纲，十尺为丈，十丈为引，计积十八引成里以为目					曾厚章

第二节　度量衡标准之审查及制度之订定

就前节各专家所拟各制，概括言之，最有力之主张不外二种：（一）完全推翻万国公制，而根据科学原理与科学之进步，并中国习惯，规定独立国制，费德朗、刘晋钰、陈儆庸、钱理、阮志明、范宗熙、曾厚章属之。（二）完全采用万国公制，并根据中国国民之习惯与心理，规定暂用辅制以资过渡，而辅制与公制应有最简单之比率，钱汉阳、周铭、施孔怀、徐善祥、吴承洛、吴健、刘荫茀、阮志明、基郁姆、高梦旦、段育华等，以及陈儆庸之另制属之。

因之双方主张既有不同，理由自各有异，见仁见智，论战一时，最后由工商部负责委员详慎讨论，金以（一）科学界已完全采用公制，科学大同，为万国权度之先声；（二）我国已毅然放弃阴历而采用大同之阳历，权度之刷新，亦应采取此种革命手段；（三）万国公制，已经民国二年工商部全国工商会议议决采用，民国四年农商部颁布定为乙制与甲制（营造库平制）同时并行，十七年大学院全国教育会议议决，在教育界首先推行；（四）我国工程上以及邮政铁路军事测量各机关，均已早用公制；（五）世界上完全采用公制，已有五十国之多，故万国公制在国际上已占重要位置；（六）理想的新制，在未经世界学者慎重研究认为确有价值之前，不宜率尔采用。有此数种理由，故对于中国度量衡制，应以采用曾经美国权度公会所议决之万国公制为最合宜，若政府之意，为公制之尺过长，公制之斤过重，遽行更改，恐不便于民间习惯，则惟有于公尺公斤之外，同时设一市用之制，暂行通用；惟此过渡制，必须与标准制（公制）有极简单之比率，遂于十七年六月由工商部根据负责各委员意见，拟定三项办法，呈请国民政府核议施行，计讨论此案历时已逾两月之久，至其所拟三种办法，为：

一、请国府明令全国通行万国公制，其他各制一概废除。

二、定万国公制为标准制，凡公立机关官营事业及学校法团等皆用之；此外另以合于民众习惯且与标准制有简单之比率者为市用制，其容量以一标升为市升，重量以标斤之二分之一为市斤（十两为一斤），长度以标尺之三分之一为市尺（一千五百市尺为一里，六千平方市尺为一亩）。

三、以标尺之四分之一为市尺（二千市尺为一里，一万平方市尺为一亩），余与办法二同。

三种办法之中，据该部之研究所得，似以办法二与万国公制有最简单之一二三比率，且其尺与吾国通用旧制最为相宜，惟办法三市尺之长，虽较旧制诸尺为特短，然其亩（一万平方尺）与旧亩相近，故欲贯彻十进制，此办法似亦可用。

关于标准制法定名称，亦曾经登报征求时贤意见，均以沿用民四《权度法》所定为宜。

提议既上，嗣经国府第七十二次委员会会议推选蔡元培、钮永建、薛笃弼、王世杰、孔祥熙诸委员会同审查，并邀徐善祥、吴承洛出席，如是经过两次审查会议，始一致同意以"划一权度标准方案，业经详细审核，并调集各方意见书及比较表等，悉心研究，反覆讨论，金以全国权度亟宜划一，民间习惯亦当兼顾"，拟具《中华民国权度标准方案》，呈报国府，敬候公决。后经国府委员会议修正公布，以示周知而昭郑重，时在民国十七年七月十八日也。兹将所公布之《中华民国权度标准方案》，列举如下：

一、标准制，定万国公制（即米突制）为中华民国权度之标准制。

长度，以一公尺（即米突尺）为标准尺。

容量，以一公升（即一立特或一千立方生的米突）为标准升。

重量，以一公斤（一千格兰姆）为标准斤。

二、市用制，以与标准制有最简单之比率而与民间习惯相近者为市用制。

长度，以标准尺三分之一为市尺，计算地积以六千平方尺为亩。

容量，即以一标准升为升。

重量，以标准斤二分之一为市斤（即五百格兰姆），一斤为十六两（每两等于三十一格兰姆又四分之一）。

　　至该两制各项单位之名称及定位，乃于十八年二月十六日所颁《度量衡法》中详为规定，按工商部原拟之一二三权度市用制，以一斤分为十两，贯彻十进制，国府各委员审查结果亦如是，迨国府会议时，以市制既属过渡又系迁就习惯，则不如仍用十六两为斤，故标准方案之公布，仍维持一斤十六两之旧制。

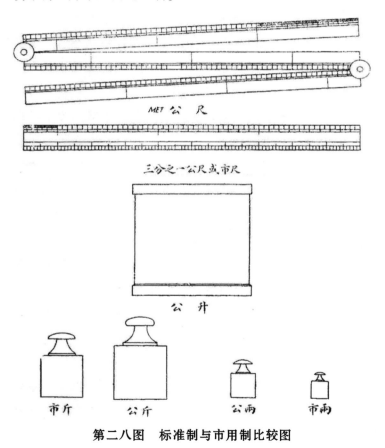

MET 公 尺

三分之一公尺或市尺

公 升

市斤　　　公斤　　　公两　　　市两

第二八图　标准制与市用制比较图

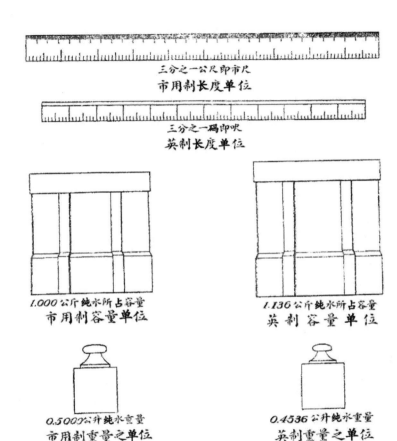

三分之一公尺即市尺
市用制长度单位

三分之一码即呎
英制长度单位

1.000公斤纯水所占容量
市用制容量单位

1.136公斤纯水所占容量
英制容量单位

0.5000公升纯水重量
市用制重量之单位

0.4536公升纯水重量
英制重量之单位

第二九图　市用制与英制比较图

第三节 万国公制之历史及定为标准之经过

我国度量衡标准制即万国公制，为国际间最通用之度量衡制，我国采用之，并同时以之为度量衡市用制之标准，故名之为"标准制"。

万国公制创行于法国，其后各国开万国度量衡会议决定为世界之标准，公共设立万国度量衡委员会及万国度量衡公局以管理之，故称为"万国公制"，公制度量衡自制定之日起，迄今已有一百五十年之历史。

法国当未革命之前，所用度量衡器参差不一，有如吾国往代之情形，当十八世纪之末，有 De Tollgraeand 者，首上书 Assemblee Constituante，详述旧制之弊病，请定划一之度法以免纷歧。

一七九〇年，法国政府感觉度量衡制划一之重要，先拟整理度量衡旧制，继诏请科学院创立新制度以制万世不易之标准，此为公制胚胎之始。

科学院既受考定新制度之责任，即公推 Borda, Lagarange, Laplace, Monge, Condorcet 五人司其事，于时有两种主张：（一）主张以每摆一秒钟钟摆之长为度之起数。（二）主张以地球子午线之分数为度之单位。二说相较，自以子午线之周长或可经久而不变；而摆动之迟速以地心吸力为比例，地心吸力之大小又因地位高下而差池，殊不足以为法，遂研究报告，拟以地球子午线四分弧之一千万分之一为度之单位，称为 metre，音译米突，或密达或迈当，即计量单位之意。所订米突单位之长度与当时欧洲各国原有旧制之 ell，yard，braccio 及其他各种长度单位数值较相近，以故认为不仅可适用于法国，并可适用于世界各国，同时并建议重量之单位（当时尚未用质量），以长度单位立方体积纯水之重量定之。

一七九一年法国国会决议采用科学院之建议，并派 Merchain，Delambre 二博士，测量由 Dunkerque 海口至 Barcelone 商埠之距离，而计算子午线之全长。

一七九五年四月，法国政府颁布采用公制之命令，设定一临时之公尺长度，至严确之公尺长度俟大地测量完竣时定之。

（一）规定法国权度完全用十进制。

（二）规定米突（metre）之长，为经过巴黎自北极至赤道之子午线四千万分之一。

（三）规定立特（litre）之容量为一立方公寸之容量。

（四）规定启罗格兰姆（kilogramme）之重，等于一立方公寸纯水于真空中秤得之，其所含之温度，为百度表之四度。

一七九九年六月，大地测量完竣，遂制定公尺之数值，此新公尺之数值，较原定临时所定之公尺短〇·三公厘，依据所规定之新数值，制造纯铂质之公尺公斤各一具，以为全国之标准原器。

一八四〇年以后，世界各国对于公制之采用日渐增加，一八六九年法政府拨款建设度量衡制造局，预备制造划分原器及各国应用之副原器，并通告各采用公制国家，派遣代表于次年来巴黎会议进行方策，翌年八月，各国应召派遣代表与会者二十四国，开会未久，普法战争爆发，会议遂中止。

一八七二年法政府召集第二次会议，与会国家有二十九国，代表人数五十一人，其中十八国位居欧洲，开会决议以公尺公斤原器，应以九铂一铱合金及特种几何式样制造之。

一八七五年复开会议于巴黎，《公尺协约》正式签字，组织设立度量衡公局，一八七七年度量衡公局成立，开始工作。

一八八九年度量衡公局制成铂铱公尺三十一具，铂铱公斤四十具，遂选定一份作为国际原器，一份为副原器，各国各取一份以为国家原器，各公尺原器相互之差数不逾〇·〇一公厘，大约之差误数不逾〇·二公忽（micron）；各公斤原器相互之差数不逾一公丝，大约之差误数不逾〇·〇〇五公丝。以上所述，乃公制度量衡制定及各国采用之经过情形，我国于民元改革度量衡之始，即拟采用公制，惜未经国会决议，致未果行。民四《权度法》始公布以公制为吾国度量衡之乙制。国民政府以吾国度量衡旧制紊乱错杂，通商以来，外人在华商场势力伟大，为谋国家工业之发展，非采用各国通行之公制不为功，遂规定公制为吾国度量衡之标准制。

第四节 由历史演进及民间实况
作市用制之观察

我国古代之度量衡单位，均比后代为小，周代之尺，约合现今市用六寸上下，遗传于民间使用者至鲜，但间有鲁班尺即木匠用尺系属此制。其次合现今市用制七寸余者为夏制，南北朝及隋代之尺均类此制。再次秦汉之尺，约合现今市用制八寸余。至合现今市用制九寸余者为商制。唐、宋、元、明、清均类同之。前清末年规定营造尺为合三十二公分，二十余年来虽未普及民间，而法定标准，自应以为依据，且调查所得，各地营造木尺采用此种标准者，为数亦自不少。此项旧定营造尺，实合现今市用尺之九寸六分。此外民间通用之尺，比较略有标准者，如苏尺杭尺，约合三四·四公分，北方裁尺约合三三·五公分。故现今采定之市用制，以公尺之三分之一为一市尺，其长度实介于旧营造尺与苏尺之间，且几等于北方之裁尺，适合于南北各通用尺之平均数，最合民众之习惯。但南部及西部民间之尺，有比苏杭裁尺为更长者，系属变例。

我国古代量制，有时以升为单位，有时以斗为单位，有时以斛为单位，十升为一斗，十斗为一斛（宋以后五斗为一斛），古升之容量甚小，与民间量器有所谓斛管者容量相近。清代及民四《权度法》制定之营造升，等于一·〇三五五公升。现今市用制以一公升为市升，其容量与旧营造升相差至为几微，仅少百分之三·五耳。但北方大斗，比市斗大数倍以至十余倍，则属变例。

古代衡制，三代及秦汉以前之斤，比较后代为小，其后清户部重订衡制，始有库平之标准，库平一两合公制三七·三〇一公分重，一斤合五九六·八一六公分重，而民间通用最广者厥为十四两上下之秤，称为漕法秤、苏法秤，漕秤一斤，约合公制五八六·五〇六公分，而现今市用制以公斤二分之一为一市斤，实合民众之习惯也。但民间有用七八两之小秤以至二十余两之大秤，则属变例。

我国度量衡制度，既经采用万国公制，而在公制推行之后，民间旧习惯一时颇难革除，则采用与旧制相近之辅制，以为市间通用之度量衡器，殆为过渡时期必经之程序。民国四年《权度法》虽属两制并用，但以甲乙两制并无简单之比例，致未能通行全国。现今通行之市用制则与旧制既属相近，深合民俗，且与标准制又有简单之比例，于学术工艺之换算，事半功倍，与世界新制之趋向，异辙同归，尤称至便。

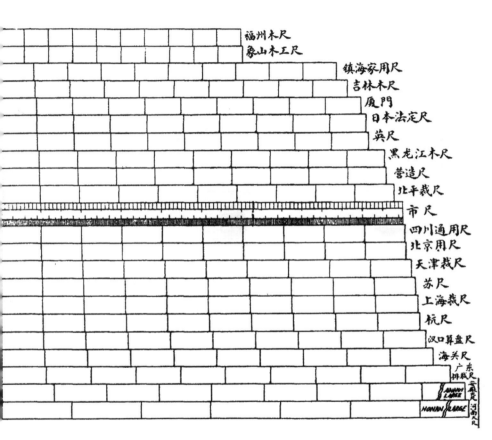

第三〇图　长度标准化图

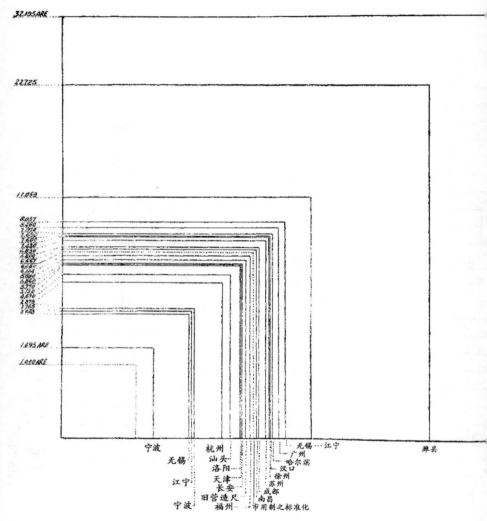

第三一图　地积标准化图

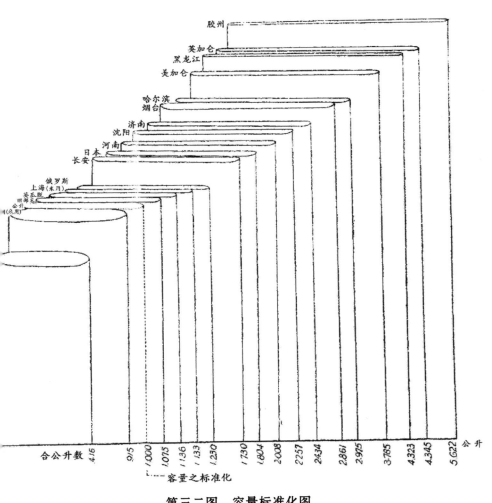

第三二图　容量标准化图

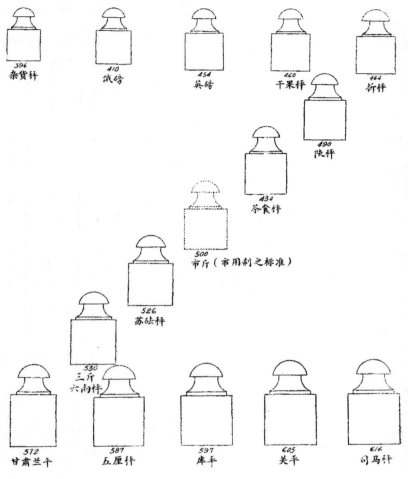

第三三图　重量标准化图

第十三章　划一度量衡实施办法之决定

第一节　划一度量衡之推行办法

度量衡划一之法，约可分为二种：曰速进法，曰渐进法。速进之法，即全国不分区域同时并举，在规定年限以内，将通用各种纷杂制度，全数革除，一律改用新制是也。但用速进法其困难之点有三：（一）吾国幅员广阔，各地人民之程度既甚参差，甚恐鞭长莫及，疑阻横生；（二）施行区域既广，则须同时组织多数检定机关，国家须筹巨款；（三）全国同时改用新器，承办新器之厂，能否足敷供给，均须顾及。至于渐进之法，又可分为三种：曰分器推行，曰分省推行，曰分区推行。国民政府工商部所订推行计划，则系兼顾推行办法。兹将当时所拟划一程序附录于下：

全国度量衡划一程序

自民国十八年二月间，国民政府公布《度量衡法》后，工商部依照《度量衡法》第二十一条之规定，以民国十九年一月一日为《度量衡法》施行日期，并将全国各区域度量衡完成划一之先后，依其交通及经济发展之差异程度，分为三期：

（一）第一期　江苏、浙江、江西、安徽、湖北、湖南、福建、广东、广西、河北、河南、山东、山西、辽宁、吉林、黑龙江及各特别市，应于民国二十年终以前完成划一。

（二）第二期　四川、云南、贵州、陕西、甘肃、宁夏、新疆、热河、察哈尔、绥远，应于民国二十一年终以前完成划一。

（三）第三期　青海、西康、蒙古、西藏，应于民国二十二年终以前完成划一。

划一程序既如上述之规定，在中央方面则于《度量衡法》施行之日，成立全国度量衡局；掌理全国度量衡行政事宜，扩充度量衡制造所，制造标准标本各器以为检定仿制及法律公证之用；设立度量衡检定人员养成所，训练检定人员，以为度量衡之基础。其各省市则于该省市规定完成划一期限之前一年半成立度量衡检定所，专司该省市划一事宜；并于各县市政府内成立度量衡检定分所，专司该县市划一事宜。并因训练专材，各省市考送人员至度量衡检定人员养成所，受度量衡行政上技术上之训练，各县市所需要之度量衡检定人员，即由各该省检定所训练之。

各省市县于机关已立、专材已备、设备已齐之后，即依照划一程序之规定，依次进行下列十种工作：

（一）宣传新制　依照全国度量衡局颁发之新制说明图表，及其他宣传办法，举行宣传；

（二）调查旧器　依照《度量衡临时调查规程》，举行调查；

（三）禁止制造旧器　依照《度量衡法施行细则》之规定，凡以制造度量衡旧制器具为营业者，应于规定完成划一期限之前一年，令其一律停止制造；

（四）举行营业登记　凡制造及贩卖或修理度量衡器具者，应依照《度量衡器具营业条例》之规定，呈请登记，并领取许可执照；

（五）指导制造新器　依照《度量衡法施行细则》，指导制造新制度量衡器具；

（六）指导改制旧器　依照全国度量衡局所规定，改造度量衡旧制器具办法，指导改造；

（七）禁止贩卖旧器　依照《度量衡法施行细则》之规定，限期禁止贩卖旧制度量衡器具；

（八）检查度量衡器具　依照《度量衡器具检查执行规则》之规定，举行临时检查；

（九）废除旧器　检查后，凡旧制器具之不能改造者，应一律作废；

（十）宣布划一　各省市应于规定划一期限之内，定期宣布完成划一。

第二节　度量衡法之颁布

十八年二月十六日国民政府公布《度量衡法》：

第一条　中华民国度量衡，以万国权度公会所制定铂铱公尺公斤原器为标准。

第二条　中华民国度量衡采用"万国公制"为"标准制"，并暂设辅制，称曰"市用制"。

第三条　标准制长度以公尺为单位，重量以公斤为单位，容量以公升为单位；一公尺等于公尺原器在百度寒暑表零度时首尾两标点间之距离，一公斤等于公斤原器之重量，一公升等于一公斤纯水在其最高密度七百六十公厘气压时之容积，此容积寻常适用即作为一立方公寸。

第四条　标准制之名称及定位法如下：

长度

公厘　等于公尺千分之一（〇·〇〇一公尺）

公分　等于公尺百分之一即十公厘（〇·〇一公尺）

公寸　等于公尺十分之一即十公分（〇·一公尺）

公尺　单位即十公寸

公丈　等于十公尺（一〇公尺）

公引　等于百公尺即十公丈（一〇公丈）

公里　等于千公尺即十公引（一〇公引）

地积

公厘　等于公亩百分之一（〇·〇一公亩）

公亩　单位即一百平方公尺

公顷　等于一百公亩（一〇〇公亩）

容量

公撮　等于公升千分之一（〇·〇〇一公升）

公勺　等于公升百分之一即十公撮（〇·〇一公升）

公合　等于公升十分之一即十公勺（〇·一公升）

公升　单位即一立方公寸

公斗　等于十公升（一〇公升）

公石　等于百公升（一〇〇公升）

公秉　等于千公升即十公石（一〇〇〇公升）

重量（注：未列质量，系依照各国法规，取其通俗）

公丝　等于公斤百万分之一（〇·〇〇〇〇〇一公斤）

公毫　等于公斤十万分之一即十公丝（〇·〇〇〇〇一
公斤）

公厘　等于公斤万分之一即十公毫（〇·〇〇〇一公斤）

公分　等于公斤千分之一即十公厘（〇·〇〇一公斤）

公钱　等于公斤百分之一即十公分（〇·〇一公斤）

公两　等于公斤十分之一即十公钱（〇·一公斤）

公斤　单位即十公两

公衡　等于十公斤（一〇公斤）

公担　等于百公斤即十公衡（一〇〇公斤）

公镦　等于千公斤即十公担（一〇〇〇公斤）

第五条　市用制长度以公尺三分之一为市尺（简
作尺），重量以公斤二分之一为市斤（简作斤），容量以公升为市升（简作升），一斤分为十六两，一千五百尺定为一里，六千平方尺定为一亩，其余均以十进。（后经命令规定市用制各单位之前必冠市字）

第六条　市用制之名称及定位法如下：

长度

毫　等于尺万分之一（〇·〇〇〇一尺）

厘　等于尺千分之一即十毫（〇·〇〇一尺）

分　等于尺百分之一即十厘（〇·〇一尺）

寸　等于尺十分之一即十分（〇·一尺）

尺　单位即十寸

丈　等于十尺（一〇尺）

引　等于百尺（一〇〇尺）

里　等于一千五百尺（一五〇〇尺）

地积

毫　等于亩千分之一（〇·〇〇一亩）

厘　等于亩百分之一（〇·〇一亩）

分　等于亩十分之一（〇·一亩）

亩　单位即六千平方尺

顷　等于一百亩（一〇〇亩）

容量（与万国公制相等）

撮　等于升千分之一（〇·〇〇一升）

勺　等于升百分之一即十撮（〇·〇一升）

合　等于升十分之一即十勺（〇·一升）

升　单位即十合

斗　等于十升（一〇升）

石　等于百升即十斗（一〇〇升）

重量

丝　等于斤一百六十万分之一（〇·〇〇〇〇〇〇六二五斤）

毫　等于斤十六万分之一即十丝（〇·〇〇〇〇〇六二五斤）

厘　等于斤一万六千分之一即十毫（〇·〇〇〇〇六二五斤）

分　等于斤一千六百分之一即十厘（〇·〇〇〇六二五斤）

钱　等于斤一百六十分之一即十分（〇·〇〇六二五斤）

两　等于斤十六分之一即十钱（〇·〇六二五斤）

斤　单位即十六两

担　等于百斤（一〇〇斤）

第七条　中华民国度量衡原器，由工商部保管之。

第八条　工商部依原器制造副原器，分存国民政府各院部会各省政府及各特别市政府。

第九条　工商部依副原器制造地方标准器，经由各省及各特别市颁发各县市为地方检定或制造之用。

第十条　副原器每届十年，须照原器检定一次，地方标准器每五年须照副原器检定一次。

第十一条　凡有关度量衡之事项，除私人买卖交易得暂行市用制外，均应用标准制。

第十二条　划一度量衡，应由工商部设立全国度量衡局掌理之，各省及各特别市得设度量衡检定所，各县及各市得设度量衡检定分所，处理检定事务，《全国度量衡局度量衡检定所及分所规程》另定之。

第十三条　度量衡原器及标准器，应由工商部全国度量衡局设立度量衡制造所制造之。

《度量衡制造所规程》另定之。

第十四条　度量衡器具之种类、式样、公差、物质及其使用之限制，由工商部以部令定之。

第十五条　度量衡器具非依法检定附有印证者，不得贩卖使用。

《度量衡检定规则》由工商部另定之。

第十六条　全国公私使用之度量衡器具，须受检查。

《度量衡检查执行规则》由工商部另定之。

第十七条　凡以制造贩卖及修理度量衡器具为业者，须得地方主管机关之许可。

《度量衡器具营业条例》另定之。

第十八条　凡经许可制造贩卖或修理度量衡器具之营业者，有违背本法之行为时，该管机关，得取消或停止其营业。

第十九条　违反第十五条或第十八条之规定，不受检定或拒绝检查者，处三十元以下之罚金。

第二十条　本法施行细则另定之。

第二十一条　本法公布后施行日期，由工商部以部令定之。

第三节 附属法规之订定

自《度量衡法》颁布以后，工商部即于十八年，即有关于推行制造检定检查各附属法规之订定，兹录其二十年修正之《施行细则》于次：

一、制造

（1）度量衡之副原器，以合金制造之。

（2）地方标准器以合金制造之。寻常用器除特种外，以金属或竹木等质制造之。

（3）度器分为直尺、曲尺、折尺、卷尺、链尺等种。

（4）量器分为圆柱形、方柱形、圆锥形、方锥形等种。

（5）衡器为天平、台秤、杆秤等种。

（6）砝码分为柱形、片形等种。秤锤分为圆锥形、方锥形等种。

（7）度器之分度除缩尺外，应依《度量衡法》第四条第六条长度名称之倍数或其分数制之。

（8）量器之大小或其分度，应依《度量衡法》第四条第六条名称之倍数或其分数制之。

（9）砝码及衡秆分度所当之重量，应依《度量衡法》第四条第六条重量名称之倍数或其分数制之。

（10）度量衡器具之记名，应依《度量衡法》第四条第六条度量衡名称记之，但标准制名称，得用世界通用之符号。

（11）度量衡器具之分度及记名，应明显不易磨灭。

（12）度量衡器具所用之材料，以不易损伤伸缩者为限，木质应完全干燥，金属易起化学变化者，须以油漆类涂之。

（13）度量衡器具上，须留适当地位以便錾盖检定检查图印，凡不易錾印之物质，应附以便于錾印之金属。

前项附属之金属，须与本体密合，不易脱离。

（14）竹木折尺每节之长，在二公寸或半市尺以下者，其厚应在一·五公厘以上，在三公寸或一市尺以下者，其厚应在二公厘以上。

（15）麻布卷尺之全长在十五市尺或五公尺以上者，其每十五市尺或五公尺之距离，加以重量十八公两之绷力，其伸张之长不得过一公分。

（16）金属圆柱形之量器，内径与深应相等，或深倍于径；但得以一公厘半加减之。

（17）木质圆柱形之量器，内径与深应相等，或深倍于径；但得三公厘加减之。

（18）木质方柱形之量器，内方边之长不得过于深之二倍，容量为一升时，内方边之长应与其深相等；但均得以三公厘加减之。

（19）木质方锥形之量器，内大方边之长，不得过于深之二倍；但得四公厘加减之。

（20）木质量器，容量在一升以上者，口边及四周应依适当方法，附以金属。

（21）有分度之玻璃窑瓷量器，须用耐热之物质。

（22）玻璃窑瓷量器，最高分度与底之距离，不得小于其内径。

（23）概之长度应较所配用量器之口长五公分以上。

（24）衡器之刄及与刄触及之部分，应使为适当之坚硬平滑，其材料以钢铁玻璃玉石为限。

（25）衡器之感量，除别有规定外，应依下列之限制：

天平　感量为秤量千分之一以下；

台秤　感量为秤量五百分之一以下；

杆秤　感量为秤量二百分之一以下。

（26）衡器分度所当之重量，不得小于感量。

（27）天平应于适当地位表明其秤量与感最，台秤杆秤应于适当地位表明其秤量。

（28）试验衡器之法，应先验其秤量，再以感量或最小分度之重量加减之，其所得结果，应合下列之定限：

①天平及台秤之有标针者，其标针移动在一·五公厘以上；

②台秤，其秤之末端升降在三公厘以上；

③杆秤，其秤之末端升降为自支点至末端距离之三十分之一以上。

（29）杆秤上支点重点之部分，应用适当坚度之金属。

（30）杆秤之秤量在三十市斤以下者，其支点及重点部分得用革丝线麻线等物质；其感量不得超过秤量百分之一。

（31）秤纽至多不得过二个，有二个秤纽者，应分置秤杆上下，其悬钩或悬盘应具移转反对方向之构造，但三十市斤以下之杆秤，不在此限。

（32）秤锤用铁制者，应于适当地位留孔填嵌便于錾印之金属，并使便于加减其重量。

（33）木杆秤锤之重量，不得少于秤量三十分之一。

（34）度量衡器具之公差如下：

①度量器公差

名称	类别	公差
直尺 曲尺 折尺	分度二分之一公厘及大于二分之一公厘者	长度之二千分之一加二公毫
	分度小于二分之一公厘及为缩尺者	长度之四千分之一加一公毫
链尺	十公尺以上	长度二千分之三加一公厘
卷尺	非钢铁制者	长度二千分之三加二公厘
	钢铁制者	长度一万分之三加五公毫

②量器公差

名称	类别	公差
全量	二公勺以下	容量之五十分之一
	五公勺至一公合	容量之一百分之一
	二公合至一公升	容量之二百五十分之一
	二公升以上	容量之二百五十分之一
有分度之分量	二公撮以下	容量之二十分之一
	二公勺以下	容量之五十分之一
	一公合以下	容量之二百分之一
	大于一公合者	容量之二百五十分之一

③砝码公差

重量	公差
五公丝以下	十分之一公丝
二公毫以下	十分之二公丝
五公毫	十分之三公丝
一公厘	十分之四公丝
二公厘	十分之六公丝
五公厘	一公丝
一公分	二公丝
二公分	三公丝
五公分	五公丝

一公分以上，每三个为一组，重量各以十倍进，公差各以五倍进。

市用器

重量	公差
五毫以下	十分之一毫
二厘以下	十分之二毫
五厘	十分之三毫
一分	十分之四毫
二分	十分之六毫

（续表）

重量	公差
五分	一毫
一钱	二毫
二钱	三毫
五钱	五毫

一两以上每三个为一组，重量各以十倍进，公差各以五倍进。

（35）度量衡标准器，及精密度量衡器公差，应在前条所定公差二分之一以内。

二、检定

（36）各种度量衡器具制造后，应受全国度量衡局或地方度量衡检定所或分所之检定。

（37）受检定之度量衡器具，须具呈请书连同度量衡器具，送请全国度量衡局或地方度量衡检定所或分所检定。

（38）度量衡器具检定合格者，由原检定之局所鉴印或给予证书。

（39）受检定之度量衡器具应缴纳检定费，其额数由全国度量衡局拟定呈请实业部以部令公布。

（40）检定时所用图印或证书之式样，由全国度量衡局定之。

三、检查

（41）检定合格之度量衡器具，应定期或随时受全国度量衡局或地方度量衡检定所或分所之检查。

（42）度量衡器具经检查后，有与原检定不符者，应将原检定图印或证书取消之；除不堪修理者即行销毁外，得限期修理送请复查，但寻常用器检查时之公差或感量，在制造时二倍以内者，不在此限。

（43）依前条复查之度量衡器具，合格者准用本《细则》第三十八条之规定，不合格者销毁之。

（44）检查时所用图印，由全国度量衡局定之，并于一定期限内改定一次。

前项期限，由全国度量衡局定之。

（45）检查时所用检查器具，其图样由全国度量衡局拟定颁发。

前项检查器具依样制成后，应由全国度量衡局或度量衡检定所或分所校准之。

（46）检查事务，由全国度量衡局或地方度量衡检定所或分所会同地方商业团体及公安主管机关执行。

四、推行

（47）《度量衡法》施行前所用之度量衡器具种类名称，合于《度量衡法》第四条第六条之规定者，应依本《细则》第三十七条之规定，呈请检定。

（48）《度量衡法》施行满一定期限后，不得制造或贩卖不合《度量衡法》及本《细则》规定之度量衡器具，但期限未满前，其原有器具暂得使用。

前项期限，由全国度量衡局就各地方情形分别拟定，呈请实业部核准公布之。

（49）前条暂得使用之度量衡器具，应受本《细则》第四十一条规定之检查，全国度量衡局或度量衡检定所或分所得令其依法改造。

（50）全国度量衡局或度量衡检定所或分所，应随时调查度量衡器具使用之状况，编制统计及新旧制物价折合简表。

前项调查表格式，由全国度量衡局定之。

（51）中央及地方各机关，就主管事务分别择定度量衡器具之种类及件数，备价向全国度量衡局领用，并协同推行划一度量衡事务。

五、附则

（52）度量衡标准制之中西名称对照如下：

长度

公厘	millimetre
公分	centimetre
公寸	decimetre
公尺	metre
公丈	decametre
公引	hectometre
公里	kilometre

地积

公厘	centiare
公亩	are
公顷	hectare

容量

公撮	millilitre
公勺	centilitre
公合	decilitre
公升	litre
公斗	decalitre
公石	hectolitre
公秉	kilolitre

重量（按经实业部检定重量或质量之"分""厘""毫"，于必要时，得加偏旁之为"份""㘚""毡"）

公丝	milligramme
公毫	centigramme
公厘	decigramme
公分	gramme
公钱	decagramme
公两	hectogramme
公斤	kilogramme
公衡	myriagramme
公担	quintol
公镦	tonne

（53）市用制与标准制之比较如下：

长度

市用制

毫　　○·○○○○三三三　　　　　　　公尺

厘	○・○○○三三三	公尺
分	○・○○三三三	公尺
寸	○・○三三三	公尺
尺	○・三三三 （即三分之一）	公尺
丈	三・三三三	公尺
引	三三・三三三	公尺
里	五○○	公尺

标准制

公厘	○・○○三	市尺
公分	○・○三	市尺
公寸	○・三	市尺
公尺	三	市尺
公丈	三○	市尺
公引	三○○	市尺
公里	三○○○	市尺

地积

市用制

毫	○・○○六六七	公亩
厘	○・○六六七	公亩
分	○・六六七	公亩
亩	六・六六七 （即三分之二○）	公亩
顷	六六六・六六七	公亩

标准制

公厘	○・○○一五	市亩

| 公亩 | ○·一五（即二十分之三） | 市亩 |
| 公顷 | 一五 | 市亩 |

容量

市用制

勺	○·○一	公升
合	○·一	公升
升	一	公升
斗	一○	公升
石	一○○	公升

标准制

公撮	○·○○一	市升
公勺	○·○一	市升
公合	○·一	市升
公升	一	市升
公斗	一○	市升
公石	一○○	市升
公秉	一○○○	市升

重量

市用制

毫	○·○○○○○三一二五	公斤
厘	○·○○○○三一二五	公斤
分	○·○○○三一二五	公斤
钱	○·○○三一二五	公斤
两	○·○三一二五	公斤

斤	〇·五（即二分之一）	公斤
担	五〇·〇	公斤

标准制

公丝	〇·〇〇〇〇〇二	市斤
公毫	〇·〇〇〇〇二	市斤
公厘	〇·〇〇〇二	市斤
公分	〇·〇〇二	市斤
公钱	〇·〇二	市斤
公两	〇·二	市斤
公斤	二	市斤
公衡	二〇	市斤
公担	二〇〇	市斤
公吨	二〇〇〇	市斤

第四节　推行委员会及全国度量衡会议之召集

关于度量衡标准方案与各种法规，虽已渐次公布，然如无实施办法，亦未见其能推行尽利。故工商部为实施《度量衡法》起见，呈准召集度量衡推行委员会，以中央各部会代表，全国商会联合会代表等组织之。于十八年九月开会，出席委员二十六人，共计议案二十一件，其中最重要者，为全国度量衡划一程序案及划一公用度量衡案二案，其次如改正海关度量衡案、请内政部修正土地测量应用尺度章程案、度量衡器具临时调查规程案、检定费征收规程案、盖印规则案等，均经工商部依照实施。

工商部为实施《度量衡法》，经召开推行委员会后，及实施已将一年，并为筹议全国度量衡划一事宜，又召集全国度量衡会议，所议范围更广，故除中央各院部会代表外，尚有各省市政府代表各一人，并遴聘专家委员若干人组织之。于十九年十一月开会，出席会员九十五人，共计议案一百零八件，其中最重要者，为请各省市政府依限划一度量衡办法案及完成公用度量衡划一办法案二案，其余凡推行制造检定各类，均极详尽，经工商部实业部及全国度量衡局依照实施。

第五节　划一度量衡六年计划

国民政府规定训政时期六年，由中央执行委员第三届第二次全体会议议决，责成各院部会就主管部分拟订工作分配年表，于十八年九月呈奉核准，自十九年起施行，至二十四年年底止，完成划一，录其年表如下：

第五三表　训政时期划一度量衡六年计划分配表

第一年度（二十年度）	第二年度（二十一年度）	第三年度（二十二年度）	第四年度（二十三年度）	第五年度（二十四年度）	第六年度（二十五年度）	备考
制造度量衡标准器及标本器	继续上项制造	完成制造标准器及标本器	制造副原器及特种标准器与标本器	继续上项制造	制造度量衡特种标准器及其他工业标准器及精细科学仪器	
除中央各机关及各省、各特别市各政府标准器已经颁发外，颁发各省第一期各县市标准器及标本器	完成颁发第一期各县市标准器及标本器，并颁发第二期各省市标准器及标本器	完成颁发第二期及第三期各省市标准器及标本器	呈颁中央各机关及各省、特别市政府度量衡副原器	完成颁发上项副原器并颁发特种标准器于特种机关	继续颁发特种标准器于特种机关	
咨请各省市政府酌量地方情形筹制度量衡器，并指导设立官办制造厂，并指导设立民办制造厂	继续促进各省筹设官办衡制造厂，并指导设立民办制造厂					

（续表）

第一年度（二十年度）	第二年度（二十一年度）	第三年度（二十二年度）	第四年度（二十三年度）	第五年度（二十四年度）	第六年度（二十五年度）	备考
设立全国度量衡局，进行全国度量衡划一事宜	继续进行全国度量衡划一事宜	同上	同上，并制定特种度量衡标准器颁布推行			第一次只中央各代表集议，以后当仿照外国度量衡会议各办法召集各省市各负责人员研究推行步骤及排除障碍办法
召集第一次度量衡推行委员会	召集第二次度量衡推行委员会	召集第三次度量衡推行委员会				
制造全国度量衡划一程序，呈请国府通令全国，并咨商各部院会，订定公用度量衡划一办法	审核各省区，各特别市所制定之各该区域度量衡程序					

（续表）

第一年度 （二十年度）	第二年度 （二十一年度）	第三年度 （二十二年度）	第四年度 （二十三年度）	第五年度 （二十四年度）	第六年度 （二十五年度）	备考
设立度量衡检定人员养成所，训练中央及各省、各特别市各省，各特别市需要检定人员	训练中央及各省、各特别市需要检定人员，并促进各省、各特别市需要检定人员	同上	同上	同上		
促成第一期推行新制各省、各特别市度量衡检定所	促成第一期推行新制各省属县市检定分所并第二期应推行新制各省检定所	促成第二期推行新制各省属县市检定分所并第三期应推行新制各省检定所	促成第三期推行新制各省区各省属县市检定分所	完成全国各省区、各特别市、各县市度量衡检定所并分所		

（续表）

第一年度（二十年度）	第二年度（二十一年度）	第三年度（二十二年度）	第四年度（二十三年度）	第五年度（二十四年度）	第六年度（二十五年度）	备考
依照公用度量衡划一办法并各省、各特别市政府直辖各机关公用度量衡	完成划一公用度量衡，并依照全国度量衡划一程序，划一第一期各省区、各特别市度量衡划一之工作	完成划一第一期各省区度量衡之工作，并进行划一第二期各省区度量衡之工作	完成划一第二期各省区度量衡之工作，并进行划一第三期各省区度量衡之工作	完成划一第三期各省区工作，并宣布全国度量衡划一		公用度量衡应于民国十九年终以前完成划一；民用度量衡划一第一期为江苏、浙江、江西、安徽、广东、广西、辽宁、山东、山西、河南、河北、福建、湖北、湖南、吉林、黑龙江及特别市，应于廿年终以前完成划一；第二期为四川、云南、贵州、陕西、甘肃、宁夏、新疆、热河、察哈尔、绥远、应于廿一年终以前完成划一；第三期为青海、西康、蒙古、西藏，应于廿二年终以前完成划一

第十四章　划一度量衡行政之经过

第一节　全国度量衡局之设立及其任务

各国对于权度行政，均有中央局所之设立，我国各地度量衡至不划一，尤有设立专局之必要。国民政府于十八年公布《全国度量衡局组织条例》之后，工商部即着手筹设全国度量衡局，造具经临预算，呈奉中央财务委员会核准开办费及经常费，简任吴承洛为局长，于十九年十月组织成立，掌理全国度量衡划一事宜，内分总务、检定、制造三科，并辖度量衡制造所及检定人员养成所。其主要之任务，为督促各省市推行度量衡新制，举凡度量衡营业之许可事项，制造标准器副原器之工务事项，度量衡制造及修理指导事项，标准器及副原器之检定查验及凿印事项，各省市区及各县市度量衡检定之监察事项，全国度量衡检定人员之养成及训练事项等均为其分内之工作。关于度量衡行政机关之系统，全国度量衡局实为最高机关，各省各特别市度量衡检定所为中级机关，各县各普通市检定分所为下级机关，各相统属。惟全国度量衡局，应受主管院部之指挥，各省市检定所应受省市政府及主管厅局之指挥，而检定分所应受各县市政府及主管局之指挥，共策进行。自二十一年来并由局长亲赴东南、西南、西北、中部及北部各省市县视察指导，故全国度量衡局成立迄今，其行政颇能顺利进行。二十三年起并奉令兼办工业标准事宜，从此全国度量衡之划一，可观厥成云。

第二节　检定人员之训练

度量衡之划一，系属特种行政，而度量衡之检定，系属特种技术，所有负此种行政与技术者，自应受有相当训练，始克胜任。东西各国于推行此项行政之始，均以训练检定人员为第一要件，我国以前之失败，均由检定专材之缺乏，故此次国家立法规定于全国度量衡局下，附设度量衡检定人员养成所，训练全国检定人员，工商部遵照法律之规定，遂于十九年三月先行组织检定人员养成所，派吴承洛为所长主办之，其大旨为：

一、学员资格分高级初级两等：

高级学员，专收各省市政府所考送国内外大学校或专门学校之理工科卒业生，造就一等检定员；

初级学员，专收各省市政府所考送高级中学卒业生，造就二等检定员。

此外我国各县情形复杂，权度歧异，事烦人重，决非少数检定人员之力所能肩任。边僻之地，经济衰落，高中以上毕业生亦难多得，于是而有三等检定员之规定，所以补一二等检定员之不足，其入学资格，规定初中毕业生，准由各省市主管机关招考设班训练。

二、学科于制造检定与推行三方面并重：

关于机械之训练，

关于度量衡器具制造之训练，

关于度量衡器具检定及整理之训练，

关于度量衡器具检定之训练，

关于推行度量衡新制之训练，

关于新旧及中外度量衡制度比较之训练，

关于行政法规之训练。

第三节　标准用器之制造及颁发

国民政府颁布度量衡标准方案以后，工商部认制造标准等器，为推行上重要工作，统计全国所需标准器，共约二千余份，当即接办北平原有之权度制造所，易名为度量衡制造所，命先制标准器，次制标本器，及检定用或制造用器，并由工商部将标准器之颁发处所，编订一定号数，规定中央院部会以至各省市县政府，各备领标准器一份。各省市县商会团体等可自由购领标准器或标本器，以为使用之准则。各省市县检定所或分所须各备领检定或制造用器，以为检定并制造各种民用度量衡器之用；此外所有各地方检定用烙印钢戳，均由全国度量衡局度量衡制造所制造供给，以昭一律。民国二十一年春，全国度量衡局为指挥便利起见，将北平所设之度量衡制造所，迁移南京，并立于局中加以扩充，计划各省市县所需要之器具，制造齐全后，专制关于科学工程上之特种度量衡器具及施行工业标准之各项工具，而所有民用度量衡器具，则划归地方度量衡制造及民营工厂办理。标准器全份，计五十公分长度标准铜尺及市用制铜尺各一支，铜质公升一具，标准制一公斤至一公丝铜砝码，及市用制五十两至五毫铜砝码各一份。

第四节　各省市度量衡检定机关之设立及工作

各国划一度量衡之法盖有两种：一为专卖制，一为检定制。论收入则专卖制为宜，论行政则检定制为便。专卖非先筹巨资不能举办，费用多而管理难，各国行之者甚鲜。我国划一度量衡所取之办法，即度量衡之制造，准许人民自由营业，但所谓"自由营业"，并非漫无准则，必先由地方政府或检定机关核发许可执照，并检定所出成品，是以此种规定，即系检定制度。又查度量衡之行政，分制造与检定推行三步进行，欲得器具之供给，必须有制造工作，以开新器之来源；欲察器具之合格与否，必须有检定工作，以定新器之范围；欲令器具之畅行无阻，必须有推行工作，以广新器之使用。所谓制造也，检定也，推行也，必须有专一机关以总其成，俾得监督进行，此各省市县度量衡检定所与分所设立之缘由也。

第五节　公用度量衡之划一

公用度量衡系对于民用度量衡而言，即凡政府各机关理应首先将所用度量衡器具划一，以为民用度量衡器划一之倡。在十八年九月间，工商部邀集中央各机关代表开度量衡推行委员会，决定于十九年终以前，将公用度量衡划一，并由工商部咨请：

教育部通令全国教育行政机关，一律改用新制，并将两制编入教科书，现有课本，均一律照改。

司法院通饬全国司法机关定期改用新制，凡诉讼等件与度量衡有关者，其判决书均应依照新制折合。

军政部通令全国军事机关，所用军械，前以生的或米突称者，均应照规定名称改正。

交通铁道两部，通令所属各机关一律遵行新制，并将名称改正。

外交部会同财政部酌定相当时期，照会通商各国政府，于某年月日起，从前商约所订关尺关平等旧制，一律废止，所有进口税率货物等，均依照新制计算，并改定名称。

财政部会同外交部酌定相当时期通令各关署，于某年月日起，一切税率货物，均遵照新制计算，不得再用关尺关平等旧制，并饬各造币厂从某年月日起货币重量均照新制折合改正名称，不得再用库平等字样。

自完成公用度量衡划一办法案，由工商部行文中央地方各机关查照办理后，全国各机关无不依据法令积极筹办，迄于今日，大致均已完成划一。

各省市方面于公用度量衡，多已提前划一，即边远省区之尚未筹备民用度量衡划一者，亦已从事于公用度量衡之划一。

海关为国际贸易之总枢纽，吾人欲考查世界对我物质供求之真象，以定工商事业之趋向者，万不能不从国际贸易统计入手，若依旧时海关统计册所载数度，往往以各国度量衡杂用其间，如美加仑英加仑以计容量，英尺英码以计长度，长吨短吨以计重量，全国民众实不易明了，此于工商事业之进展，实有最大之窒碍。我国现已实行采用万国公制，海关所用度量衡亟应改正，实有充分之理由。实业部及全国度量衡局根据各项理由，与财政部及关务署一再磋商结果，各海关度量衡于二十三年二月一日，已一律改用新制，此为公用度量衡之落后改革者。自是以后，划一度量衡之基础，更为巩固。至盐务税务之改用市制，乃能通行全国于各县市，度量衡之推行，于以普遍。

第六节　全国民用度量衡划一概况

自中央公布于十九年一月一日起，为《度量衡法》施行日期，并于同年三月先行成立检定人员养成所，即由部咨请各省市考送大学理工科及高中毕业人员，予以训练，秋间毕业学员回籍，其即于十九年举办者，有南京、上海、天津、浙江、山东、福建等省市；次年二十年举办者，计有北平、汉口、青岛、江苏、河北、河南、安徽、湖北、湖南、江西、广东、陕西、宁夏等省市；二十一年举办者，有贵州；二十二年举办者有威海卫、察哈尔、绥远、甘肃等省；二十三年举办者，有广西、云南等省；二十四年举办者，有四川、青海。而东北四省如热河辽宁开办本在二十一年以前，吉林黑龙江之筹备继之。惟各省划一程度，颇有参差，然多数省份，已由城市而达于乡村。除少数县份外，只待坚持到底，不难于训政完成之日，达到全国初步完成。至彻底划一，则有待各省市县检定机关之继续努力。

第五四表　附中国度量衡史大事记略

民元前四六〇八年—民元前四一一六年	黄帝命隶首作数，以率其羡，要其会，律度量衡由是而成
	黄帝命泠纶造律吕，推律历之数，由是生度量衡
	黄帝设衡、量、度、亩、数之五量
	少昊同度量，调律吕
	少昊设九工正，利器用，正度量
	虞帝每岁巡守四岳，同律度量衡
民元前四一一六年—民元前三六七七年	夏置石钧，存于王府
	大禹循守会稽，乃审铨衡，平斗斛

民元前三〇二一年	周成王六年，周公朝诸侯，颁度量
民元前三〇三三年—民元前二一六六年	周制：内宰出其度量，大行人同度量（以上指标准器）
	合方氏壹其度量，司市掌度量（以上指普通用器）
	质人平度量（此为执行检定检查）
	周制：十有一岁同度量之标准器
	仲春之月，同度量，钧衡石，角斗甬，正权槩
	仲秋之月，同度量，平权衡，正钧石，角斗甬
（约）民元前二四〇〇年	鲁班增木工尺标准之长度
民元前二二六一年	秦孝公十二年，商鞅变法，改定度量衡标准
	变亩制，改百步之制以二百四十方步为一亩
	平斗甬权衡丈尺
民元前二一三二年	秦始皇二十六年，一衡石丈尺，制权标准器
民元前二一三二年—民元前二一一八年	秦制：仲秋之月，一度量，平权衡，正钧石，齐斗甬
民元前二一二〇年	秦二世增刻权铭
民元前二一一七年—民元前一九〇四年	汉制：廷尉掌度，大司农掌量，鸿胪掌衡

（续表）

民元前一九九四年	汉昭帝始元四年，左冯翊群造谷口铜甬，容十斗重四十钧
民元前一九一一年—民元前一九〇七年	汉平帝命刘歆同律度量衡，变汉制
民元前一九〇三年	新莽始建国元年，铸五度五量五权标准器，颁之天下
民元前一八三六年—民元前一八二四年	汉章帝时奚景得玉律，相传为汉官尺
民元前一八三一年	汉章帝建初六年，虑俿县造铜尺一
民元前一六四九年	刘徽注新莽嘉量与魏斛比较
民元前一六四九年—民元前一六三八年	郑氏注《汉书·律历志》，刘徽注《九章·商功》，荀勖校新造律尺，并著新莽嘉量；是为莽量三度发见于魏晋之间
民元前一六三九年	晋荀勖校后汉至魏尺，长于新莽尺四分有余，更造新尺
民元前一六三八年	荀勖新尺成，晋武帝以其与汉（新莽之制）器合，令施用之
民元前一五九五年	东晋元帝后，江东用晋后尺，自此始
民元前一五九一年	前赵刘曜光初四年，铸浑仪
民元前一五八七年	前赵刘曜光初八年，铸土圭（浑仪土圭是为刘曜浑天仪土圭尺）

民元前一五七七年	后赵石勒十八年七月，造建德殿得新莽权
民元前一五三三年	前秦苻坚于长安市中，得新莽嘉量
民元前一五一四年	后魏道武帝天兴元年八月，诏有司，平五权，较五量，定五度
民元前一四一七年	后魏孝文帝太和十九年六月，诏改长尺大斗，颁之天下 [长尺系诏以一黍之广，用成分体，九十之黍，黄钟之长，以定铜尺（是即为东后魏尺）；大斗系二倍于莽量者]
民元前一四〇九年	后魏宣武帝景明四年，得新莽权，诏付公孙崇，以为钟律之准（先是大乐令公孙崇，依《汉志》先修称尺，及见此权，乃诏付崇）
民元前一四〇四年—民元前一四〇一年	后魏宣武帝永平中，公孙崇更造新尺，以一黍之长，累为寸法。刘芳受诏修乐，以秬黍中者一黍之广，即为一分；元匡以一黍之广，度黍二缝，以取一分
民元前一三七八年	东后魏有司奏从太和十九年之诏，定尺
民元前一三五五年—民元前一三五一年	北周明帝遣苏绰造铁尺
民元前一三五一年	北周武帝保定元年五月，得古玉斗
民元前一三四七年	北周武帝保定五年十月，诏改度量衡制
民元前一三四六年	北周武帝天和元年，帝依玉斗造律度量衡，颁于天下

（续表）

民元前一三四五年	北周武帝天和二年正月，校铜斗，移地官府为式
民元前一三三五年	北周武帝建德六年，以铁尺同律度量，颁于天下
民元前一三三一年	隋文帝开皇初，著以北周市尺为官尺
民元前一三二三年	隋文帝开皇九年，废北周玉尺，颁用铁尺调律
民元前一三二二年	隋文帝开皇十年，万宝常造水尺
民元前一三〇五年	隋炀帝大业三年四月，改度量权衡，并依古式
民元前一二九四年	唐行大斗大两大尺之制，自此始
民元前一二九一年	唐高祖武德四年，铸开元通宝钱，命十钱为一两之始
民元前一一九一年	唐玄宗开元九年，敕定调钟律，测晷景，合汤药及冠冕之制，皆用小制，其余内外官司悉用大制
民元前一二九四年—民元前一〇〇六年	唐制：每年八月，校斛斗称度
民元前九六一年—民元前九五三年	后周王朴累黍造尺，为王朴律准尺，在此年间

民元前九五二年	宋太祖建隆元年八月，诏有司，按前代旧式，作新权衡，以颁天下，禁私造者
	宋既平定四方，凡新邦悉颁度量于其境，其伪俗尺度逾于法制者，去之
	太祖受禅诏有司，精考古式，作为嘉量，以颁天下，凡四方斗斛不中式者，皆去之
民元前九四九年—民元前九四五年	宋太祖乾德中，又禁民间造者
	乾德中，和岘依司台影表铜臬下石尺定度，上令依古法以造新尺，为和岘景表石尺
民元前九二〇年	宋太宗淳化三年三月三日，诏令详定称法，著为通规
民元前九〇八年—民元前九〇五年	宋真宗景德中，刘承珪考定，从其大乐之尺，就成二术，因度尺而求厘，自积黍而取絫，以厘絫造一钱半及一两等二称
民元前八七八年—民元前八七七年	宋仁宗景祐中，阮逸胡瑗奏请横累百黍为尺，邓保信奏请纵累百黍成尺
民元前八七七年	宋仁宗景祐二年九月十二日，依新黍定律尺，每十黍为一寸
民元前八七六年	宋仁宗景祐三年，丁度等议以取黍校验不齐，诏罢新黍律尺
民元前八六三年—民元前八五九年	宋仁宗皇祐中，诏累黍定尺，高若讷依《隋志》定尺十五种上之，藏于太府寺
民元前八二六年—民元前八一九年	宋哲宗元祐中，魏汉津定大晟乐尺

（续表）

民元前七八〇年	南宋高宗绍兴二年十月，颁度量权衡于诸路，禁私造者
（约）民元前六五〇年	贾似道改截顶方锥形之小口斛式
民元前六三六年	元世祖取江南，命输米者，止用宋斗斛，以宋一石当元七斗
民元前六二九年	元世祖至元二十年，崔彧言宜颁宋小口斛，遂颁行之
民元前五四四年	明太祖洪武元年，令铸造铁斛斗升，仍降其式于天下
民元前五四三年	明太祖洪武二年，令凡斛斗称尺，依原降铁斗升校定则样，制发各省府州县，民用斛斗称尺，与官降相同，许令行使
民元前五一九年	明太祖洪武二十六年，定凡斛斗称尺，各式成造，校勘相同印烙发行
民元前四八〇年	明宣宗宣德七年，令重铸铁斛
民元前四七六年	明英宗正统元年，令依旧式铸造铁斛斗升，凡斛斗称尺，依原式校勘相同，将式样悬挂街市，听令比较
民元前四六一年	明代宗景泰二年，令造等称天平
民元前四四六年	明宪宗成化二年，题准私造斛斗称尺行使者，依律问罪
民元前四四三年	明宪宗成化五年，令依洪武年间铁斛式样，重新铸造，并造木斛，校勘印烙给发
民元前四三三年	明宪宗成化十五年，令铸铁斛，校造木斛，印烙取用

（续表）

民元前四〇六年	明武宗正德元年，准制造铜法子
民元前三九八年	明武宗正德九年，准选吏役，专管坐拨粮斛
民元前三八九年	明世宗嘉靖二年，将铁铸样斛，校勘修改相同，火印烙记，以后新斛，俱依铁斛校样成造
民元前三八三年	明世宗嘉靖八年，准制天平砝码
	令将官校称斛印烙，凡解户到部，会同照样校收，以革奸弊
	令各式铸造大小铜法子
民元前三六四年	明世宗嘉靖二十七年，准依原降铁斛，置造斛斗，仍置官称，校量平准，烙记发用
	私造斛称，通商作弊，该管不察，一体究罪
	往时收用市斛，放用仓斛，合则查革，以后收放，俱以仓斛为准
民元前三四六年	明世宗嘉靖四十五年，准用库斛斗升称等，拨匠科造三千八百七十六副
民元前二六〇年	清世祖五年颁定斛式，令工部造铁斛
民元前二五四年	清世祖十五年定各关秤尺，各关量船秤货不得任意轻重长短
民元前二〇八年	清圣祖四十三年议定斛式，停用金斗关东斗
民元前一九九年	清圣祖五十二年制《律吕正义》，以累黍定黄钟之制，并制《数理精蕴》定度量衡表
民元前一七〇年	清高宗七年制《律吕正义后编》定权量表
民元前一六八年	清高宗九年仿造嘉量方圆各一，范铜涂金，列之殿后

（续表）

民元前九年—民元前五年	清德宗二十九年重订度量衡划一办法
民国二年	拟采用万国公制编订通行名称，并派员赴国外调查
民国四年	公布权度法以营造尺库平制为甲制，万国权度通制为乙制
民国六年	推行新制于北京
民国八年	山西省推行新制度量衡
民国十七年	国民政府公布权度标准方案，定万国公制为标准制，以与标准制有最简单之比率而与民间习惯相近者为市用制
民国十八年	国民政府公布《度量衡法》
民国十九年	全国度量衡局组织成立，并设度量衡检定人员养成所，各省市相继设立检定所
民国二十一年	全国度量衡局吴局长开始视察全国度量衡
民国二十六年	全国各省市度量衡视察完成划一